人工智能及其航空航天应用实验教程（Python 版）

主　编　李　可
副主编　王黎静　张云飞　蒙志君
参　编　邓志诚　申晓斌　朱秉钧
　　　　陈晓丹　李源淦　王少凡

U0245663

北京航空航天大学出版社

内 容 简 介

本书是关于人工智能及其在航空航天领域应用的 Python 编程实验指导书，不仅介绍了 Python 语言的基础知识，而且通过航空航天领域的实践案例来指导读者如何使用这些知识和技能。本书共 15 章，第 1～3 章介绍 Python 语言的安装及基本编程概念；第 4～15 章是根据航空航天领域的多个实践案例，介绍人工智能算法的实际应用。本书案例丰富，内容翔实，展现了人工智能算法在航空航天领域应用的巨大潜能。

本书可作为高等学校航空科学与工程相关专业的实践课程教材或参考书，可供研究生和本科高年级学生使用，也可供在机器学习、人工智能、图像和信号处理等领域工作的科技工作者参考。

图书在版编目（CIP）数据

人工智能及其航空航天应用实验教程 ：Python 版 /
李可主编. -- 北京 ：北京航空航天大学出版社，2024.8
　　ISBN 978 - 7 - 5124 - 4335 - 8

　　Ⅰ．①人… Ⅱ．①李… Ⅲ．①人工智能－应用－航空
工程②人工智能－应用－航天工程 Ⅳ．①V

中国国家版本馆 CIP 数据核字（2024）第 031673 号

人工智能及其航空航天应用实验教程（Python版）
主　编　李　可
副主编　王黎静　张云飞　蒙志君
参　编　邓志诚　申晓斌　朱秉钧
　　　　陈晓丹　李源淦　王少凡
策划编辑　陈守平　　责任编辑　孙兴芳
＊
北京航空航天大学出版社出版发行

北京市海淀区学院路 37 号（邮编 100191）　http://www.buaapress.com.cn
发行部电话：(010)82317024　传真：(010)82328026
读者信箱：bhrhfs@126.com　邮购电话：(010)82316936
北京九州迅驰传媒文化有限公司印装　各地书店经销
＊
开本：787×1 092　1/16　印张：10　字数：256 千字
2024 年 8 月第 1 版　2024 年 8 月第 1 次印刷　印数：1 000 册
ISBN 978 - 7 - 5124 - 4335 - 8　定价：49.00 元

前　　言

　　航空航天领域综合了很高的现代科学技术,涉及的内容也是方方面面。对于国家来说,航空航天非常重要,其技术的发展大大推动了各个科技领域的发展,这对国家科技的推动以及经济和社会的发展都起到了积极的作用,是国民经济的重要组成部分。

　　目前人工智能被广泛接受的定义主要有两种:一种是人工智能是计算机科学的一部分,它的核心任务是设计和开发智能计算机系统,这些系统能够模拟和展现出人类智能行为中的各种特征;另一种是人工智能系统是计算机系统的一个部分,它主要涉及符号性的非算法问题的求解。如今世界上存在的关于人工智能的定义多种多样,而且人工智能包括许多相关领域的应用,将人工智能用于航空航天领域是研究热点,更是未来的发展方向。本书从人工智能常用编程语言 Python 入手,首先介绍这门强大的编程语言,然后介绍如何将基于 Python 的人工智能算法应用于当前航空航天领域常出现的实际案例中。

　　本书力求遵循由浅入深、由易到难、由简到繁、循序渐进的教学规律,较为系统地介绍了 Python 这门语言的基础配置、基本语法,以及实际应用等,聚焦于航空航天领域多个实际问题并给出解决方案,是课程"人工智能技术及其航空航天应用"的实验指导手册。本书共包括15 章,其中第 1～3 章介绍 Python 基础知识,帮助初接触 Python 的读者快速熟悉这门语言,完成软件安装并掌握相关语法。第 4～15 章分别聚焦于数据降维、聚类、人体几何数据预测、航空器识别、手写字识别、导弹-飞机轨迹追踪、平流层飞艇区域驻留、空中加油自动对接、异常检测、无人机智能避障、四旋翼视觉避障以及异常处理这 12 个问题来指导实验。案例核心代码均附在相应章节之内,读者可复现代码至 Python 中编译运行,深刻理解算法的应用过程,更扎实地解决"人工智能技术及其航空航天应用"课程中的实践问题。

　　随着人类探索能力的不断提升,航空航天领域将会出现更多创新性的理论、方法和技术。本书寄希望于为读者提供一种面向航空航天应用的人工智能方法的技术参考,可供航空科学与工程相关专业高年级本科生和研究生学习参考。

　　受限于笔者之能力,书中难免有不妥之处,恳请读者批评指正,使之完善提高。

笔　者

2024 年 3 月于北京

目 录

第1章 Python 基础知识与环境搭建

Python 是指 Python 编程语言(包括语法规则,用于编写被认为是有效的 Python 代码);也指 Python 解释器软件,用于读取源代码(用 Python 语言编写),并执行其中的指令。Python 解释器可以从 Python 官方网站免费下载,有针对 Linux 操作系统、MacOS 操作系统和 Windows 操作系统的不同版本。本章主要介绍 Python 的基础知识和安装配置方法,包括 Python 的下载、安装和环境变量的配置过程,直至能够正式运行一个 Python 程序;之后简要介绍了 Python 的两种编程方式——交互式编程和脚本式编程。本章基本知识结构如图 1.1 所示。

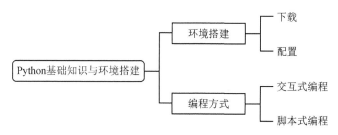

图 1.1 本章基本知识结构

1.1 基础知识

Python 是一种解释型、面向对象、动态数据类型的高级程序设计语言。其由 Guido van Rossum 于 1989 年底,在荷兰国家数学和计算机科学研究所设计出来的,第一版公开发行于 1991 年。其本身是由诸多其他语言(如 ABC、Modula - 3、C、C++、Algol - 68、SmallTalk、Unix shell 等)发展而来的。像 Perl 语言一样,Python 源代码同样遵循 GPL(GNU General Public License)协议。现在,Python 由 Guido van Rossum 指导进展,并在核心开发团队的维护下继续发展完善中。

在学习本书之前,读者应该了解一些基本的计算机编程术语。读者如果学习过 PHP、ASP 等编程语言,将会更快地了解 Python 编程。

对于大多数程序语言,第一个入门编程代码都是"Hello World!"。在 Python 3.0+版本中正确输出"Hello World!"的代码如下:

```
#!/usr/bin/python
print("Hello, World!");
```

Python 是一个高层次并结合了解释性、编译性、互动性和面向对象的脚本语言。首先，Python 是一种解释型语言，这意味着开发过程中没有编译环节，类似于 PHP 和 Perl 语言；其次，Python 是一种交互式语言，这意味着用户可以直接编程并执行；再次，Python 是一种面向对象的语言，这意味着它支持面向对象的风格或将代码封装在对象中；最后，Python 是适合初学者的语言，对于初级程序员而言，Python 是一种友好的编程语言，它支持广泛的应用程序开发，其应用范围涉及简单的文字处理、网络服务器开发以及游戏开发等领域。

Python 具有以下特点：

易于学习：Python 包含相对较少的关键字和明确定义的语法，结构简单，学习起来更加容易。

易于阅读：Python 代码定义得更为清晰。

易于维护：Python 的成功在于它的源代码易于维护。

一个功能丰富且内容庞大的标准库：Python 最大的优势之一是具有丰富的跨平台的库，在 Unix、Windows 和 Macintosh 上具有很好的兼容性。

互动模式：在 Python 互动模式的支持下，可以从终端输入并获得结果，互动地测试和调试代码片段。

可移植：基于其开放源代码的特性，Python 已被成功地移植到许多平台。

可扩展：可以添加低层次的模块到 Python 解释器中，这些模块可以自行添加或定制。

数据库：Python 提供所有主要的商业数据库接口。

GUI 编程：Python 支持 GUI 编程，这使得开发者能够创建 GUI 应用程序，并且这些应用程序可以被移植到多种操作系统上。

可嵌入性：可以将 Python 嵌入到 C/C++程序中，使程序的用户获得"脚本化"的能力。

总之，Python 的设计具有很强的可读性，与其他语言相比，Python 代码结构更为清晰，缩进规则更明确，可读性较强，易于后期维护。

1.2 环境搭建

本节将介绍如何在本地搭建 Python 开发环境。首先通过终端窗口输入"python"命令来查看本地是否已经安装 Python 以及 Python 的安装版本，如果没有安装，就按以下步骤安装。

1.2.1 下 载

Python 最新源码、二进制文档及新闻资讯等可以在 Python 官网上查到，网址为 https://www.python.org/。

若需要下载 Python 相关文档(支持下载的格式包括 HTML、PDF 和 PostScript 等)，则下载地址为 https://www.python.org/doc/。

1.2.2 安 装

目前，Python 已经被移植在许多平台上，用户需要下载适于自己使用平台的二进制代码，然后安装 Python。如果下载到平台的二进制代码不可用,则需要使用 C 编译器手动编译源代码。编译的源代码在功能上有更多的选择,这为 Python 安装提供了更多的灵活性。

以下为不同平台上安装 Python 的方法。

1. Unix & Linux 平台安装 Python

以下为在 Unix & Linux 平台上安装 Python 的简单步骤:

① 打开 Web 浏览器访问 https://www.python.org/downloads/;

② 选择适用于 Unix/Linux 的源码压缩包;

③ 下载及解压压缩包;

④ 如果需要自定义一些选项,则可通过修改 Modules/Setup 进行自定义。

以 Python 3.6.1 版本为例:

```
# tar - zxvf Python - 3.6.1.tgz
# cd Python - 3.6.1
# ./configure
# make && make install
```

执行以上代码后,Python 会安装在/usr/local/bin 目录中,Python 库安装在/usr/local/lib/pythonXX 中,其中 XX 为使用的 Python 的版本号。检查 Python 3 是否可正常使用的代码如下:

```
# python3 - V
```

若 Python 3 可正常使用,则按 Enter 键后得到:

```
Python 3.6.1
```

2. Windows 平台安装 Python

以下为在 Windows 平台上安装 Python 的简单步骤:

① 打开 Web 浏览器访问 https://www.python.org/downloads/。

② 在下载列表中选择 Windows 平台安装包,安装包格式为 python - XYZ.msi 文件,其中 XYZ 为要安装的版本号。

③ 要使用安装程序 python - XYZ.msi,Windows 系统就必须支持 Microsoft Installer 2.0,二者搭配使用。只要将安装文件保存到本地计算机,然后单击运行,查看该计算机是否支持 MSI 即可。通常,Windows XP 及更高版本均已安装 MSI。

④ 完成下载后,双击下载包,即可进入 Python 安装向导。安装非常简单,只需要使用默认设置,一直单击"下一步"按钮,直至安装完成即可。

3. Mac 平台安装 Python

大多数 Mac 系统都自带 Python 环境,如果自带的 Python 版本为旧版本,则可以通过 https://www.python.org/downloads/macos/查看 Mac 上 Python 新版功能的介绍。

1.2.3　环境变量配置

程序和可执行文件可能存在于许多目录中,而这些路径很可能不在操作系统提供的可执行文件的搜索路径中。一般 path(路径)存储在环境变量中,这是由操作系统维护的一个命名字符串。这些变量包含可用的命令行解释器和其他程序的信息。在 Unix 或 Windows 中路径变量为 PATH(Unix 区分大小写,Windows 不区分大小写)。而在 MacOS 中,安装过程中改变了 Python 的安装路径。如果需要在其他目录引用 Python,就必须在 path 中添加 Python 目录。

1. 在 Unix/Linux 中设置环境变量

首先,在"csh shell:"中输入:

```
setenv PATH " $ PATH:/usr/local/bin/python"
```

其次,在"bash shell (Linux):"中输入:

```
export PATH = " $ PATH:/usr/local/bin/python"
```

最后,在"sh:"或者"ksh shell:"中输入:

```
PATH = " $ PATH:/usr/local/bin/python"
```

按 Enter 键完成环境变量的设置。

注意:/usr/local/bin/python 是 Python 的安装目录。

2. 在 Windows 中设置环境变量

打开命令提示框并输入:

```
path % path% ;C:\Python
```

按 Enter 键完成环境变量的设置。

注意:C:\Python 是 Python 的安装目录。

1.2.4 环境变量

常用于 Python 的几个重要环境变量如表 1.2-1 所列。

表 1.2-1　常用于 Python 的重要环境变量

变量名	描　述
PYTHONPATH	Python 搜索路径,当使用 import 语句引入模块时,默认情况下,Python 会在 PYTHONPATH 环境变量指定的目录中进行搜索
PYTHONSTARTUP	Python 启动后,先寻找 PYTHONSTARTUP 环境变量,然后执行此文件中变量指定的执行代码
PYTHONCASEOK	加入 PYTHONCASEOK 环境变量就会使 Python 导入模块时不区分大小写
PYTHONHOME	另一种模块搜索路径,通常内嵌于 PYTHONSTARTUP 或 PYTHONPATH 目录中,使得两个模块库更容易切换

1.2.5 运行 Python

目前有如下 3 种方式可以运行 Python:

1. 交互式解释器

首先可以通过命令行窗口进入 Python,并在交互式解释器中编写 Python 代码;或者在 Unix、DOS 或任何其他提供命令行或者 shell 的系统中进行 Python 编码工作。代码如下:

```
$ python # Unix/Linux
```

或者

```
python% # Unix/Linux
```

或者

```
C:>python # Windows/DOS
```

表 1.2-2 所列为 Python 命令行参数。

表 1.2-2　Python 命令行参数

选　项	描　　　述
- d	在解析时显示调试信息
- O	生成优化代码(.pyo 文件)
- S	启动时不引入查找 Python 路径的位置
- v	输出 Python 版本号
- X	从 1.6 版本之后基于内建的异常(仅用于字符串)已过时
- c cmd	执行 Python 脚本,并将运行结果作为 cmd 字符串
file	在给定的 Python 文件中执行 Python 脚本

2. 命令行脚本

在应用程序中可以通过引入解释器在命令行中执行 Python 脚本,如下所示:

```
$ python script.py # Unix/Linux
```

或者

```
python% script.py # Unix/Linux
```

或者

```
C:>python script.py # Windows/DOS
```

注意:在执行脚本时,应检查脚本是否有可执行权限。

3. 集成开发环境

用户可以使用图形用户界面(Graphic User Interface,GUI)环境来编写及运行 Python 代码。以下为在各个平台上推荐使用的集成开发环境(Integrated Development Environment,IDE):

① Unix:集成开发与学习环境(Integrated Development and Learning Environment,IDLE)是 Unix 上最早的 Python IDE。

② Windows:PythonWin 是一个 Python 集成开发环境,在许多方面都比 IDE 优秀。

③ Macintosh:Mac 系统可以使用 IDLE 来运行 Python。我们可以在相关网站上下载对应 Mac 的 IDLE。

在学习下一章之前,请确保环境已搭建成功。

1.3　中文编码

前面我们已经学会了如何用 Python 输出"Hello,World!",这在英文环境下没有问题,但是如果输出中文字符"你好,世界",就有可能出现中文编码问题。如果在 Python 文件中未指

定编码,在执行过程中就会报错:

```
#!/usr/bin/python
print "你好,世界";
```

以上程序执行后输出结果如下:

```
File "test.py", line 2
SyntaxError: Non - ASCII character '\xe4' in file test.py on line 2, but no encoding declared; see
http://www.python.org/peps/pep-0263.html for details
```

针对以上出错信息,解决方法为:在文件开头加入"#-*-coding:UTF-8-*-"或者"#coding=utf-8"即可。代码如下:

```
#coding = utf-8
#!/usr/bin/python
print "你好,世界";
```

输出结果如下:

```
你好,世界
```

所以,如果代码中包含中文,则需要在代码初始处指定编码。

1.4 第一个 Python 程序

1.4.1 交互式编程

交互式编程不需要创建脚本文件,而是通过 Python 解释器的交互模式来编写代码。在 Linux 系统中只需要在命令行输入 Python 命令即可启动交互式编程,提示窗口如下:

```
$ python
Python 2.4.3 (#1, Nov 11 2010, 13:34:43)
[GCC 4.1.2 20080704 (Red Hat 4.1.2-48)] on linux2
Type "help", "copyright", "credits" or "license" for more information.
>>>
```

Windows 系统在安装 Python 时已经安装默认的交互式编程客户端,提示窗口如图 1.2 所示。

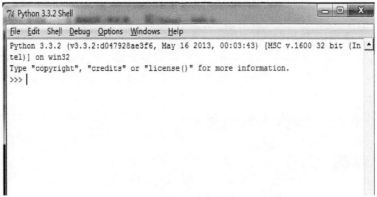

图 1.2 Windows 系统交互式编程客户端

在 Python 提示符中输入以下文本信息，然后按 Enter 键即可查看运行效果：

```
>>> print "Hello, Python!";
```

在 Python 2.4.3 版本中，以上事例输出结果如下：

```
Hello, Python!
```

如果运行的是新版本 Python，则需要在 print 语句中使用括号，如：

```
>>> print ("Hello, Python!");
```

1.4.2　脚本式编程

Python 可通过脚本参数调用解释器开始执行，直到执行完毕。当脚本执行完毕，解释器将不再有效。接下来编写一个简单的 Python 脚本程序，所有 Python 文件将以 .py 为扩展名。首先将以下源代码复制至 test.py 文件中。

```
print "Hello, Python!";
```

这里，假设已经设置 Python 解释器的 PATH 变量。使用以下命令运行程序：

```
$ python test.py
```

输出结果如下：

```
Hello, Python!
```

接下来尝试使用另一种方式来执行 Python 脚本。修改 test.py 文件，如下：

```
#!/usr/bin/python
print "Hello, Python!";
```

这里，假定 Python 解释器在 /usr/bin 目录中，使用以下命令执行脚本：

```
$ chmod + x test.py      # 脚本文件添加可执行权限
$ ./test.py
```

输出结果如下：

```
Hello, Python!
```

第 2 章

Python 基础语法

本章将介绍 Python 的基础语法,包括 Python 区别于其他语言的特点(如缩进格式)以及与其他语言的共性(函数、字符串、循环、条件语句)等。本章基本知识结构如图 2.1 所示。

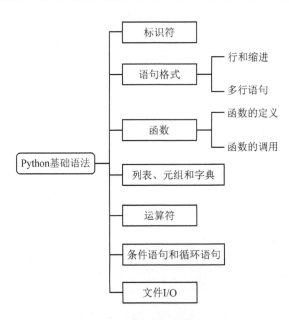

图 2.1　本章基本知识结构

2.1　标识符

在 Python 中,所有标识符都可以包括英文、数字以及下划线(_),但不能以数字开头,且区分大小写。以下划线开头的标识符具有特殊意义,例如以单下划线开头的标识符(如_foo)代表不能直接访问的类属性,需通过类提供的接口进行访问,不能用"from xxx import *"导入;而以双下划线开头的标识符(如__foo)代表类的私有成员;以双下划线开头和结尾的标识符(如__foo__)代表 Python 中的特殊方法专用标识,例如__init__()代表类的构造函数。

Python 中的保留字如下所列：

and	exec	not
assert	finally	or
break	for	pass
class	from	print
continue	global	raise
def	if	return
del	import	try
elif	in	while
else	is	with
except	lambda	yield

这些保留字不能用作常数或变数，或任何其他标识符名称。所有 Python 的保留字只包含小写字母。

2.2　语句格式

2.2.1　行和缩进

Python 与其他语言最大的区别就是，Python 的代码块不使用大括号（{}）来控制类、函数以及其他逻辑判断。Python 最具特色的就是用缩进来编写模块。在编写 Python 代码时，缩进的空白数量是可变的，但是代码块语句必须包含相同的缩进空白数量，这个必须严格执行。例如：

```
if True:
    print "True"
else:
 print "False"
```

执行上述代码时会出现错误，正确的书写如下：

```
if True:
    print "Answer"
    print "True"
else:
    print "Answer"
    print "False"
```

因此，在 Python 的代码块中必须使用相同的行首缩进空格数。例 2.2 - 1 中就包含了相同数目的行首缩进代码块语句。

例 2.2 - 1　行和缩进示例

```
#!/usr/bin/python

import sys
```

```
try:
  # open file stream
  file = open(file_name, "w")
except IOError:
  print "There was an error writing to", file_name
  sys.exit()
print "Enter", file_finish,
print "' When finished"
while file_text != file_finish:
  file_text = raw_input("Enter text: ")
  if file_text == file_finish:
    # close the file
    file.close
    break
  file.write(file_text)
  file.write("\n")
file.close()
file_name = raw_input("Enter filename: ")
if len(file_name) == 0:
  print "Next time please enter something"
  sys.exit()
try:
  file = open(file_name, "r")
except IOError:
  print "There was an error reading file"
  sys.exit()
file_text = file.read()
file.close()
print file_text
```

2.2.2 多行语句

在 Python 中一般以新行作为语句的结束符,但也可以使用斜杠(\)将一行的语句分为多行显示,如下所示:

```
total = item_one + \
        item_two + \
        item_three
```

若语句中包含"[]"、"{}"或"( )",则不需要使用多行连接符,如下所示:

```
days = ['Monday', 'Tuesday', 'Wednesday',
        'Thursday', 'Friday']
```

2.2.3 引 号

Python 接受单引号(')、双引号(")、三引号(""")来表示字符串,引号的开始与结束必须是相同类型的。其中,三引号是用于编写多行文本的快捷语法。这种多行字符串通常用于文档字符串,它在代码中可以作为注释使用,以在文件的特定位置提供额外的解释或信息。示例代码如下:

```
word = 'word'
sentence = "This is a sentence."
paragraph = """This is a paragraph. It is
made up of multiple lines and sentences."""
```

2.2.4　注　释

Python 中单行注释采用♯开头。由于 Python 没有块注释,所以现在推荐的多行注释也是采用♯开头,比如:

```
#!/usr/bin/python

# First comment
print "Hello, Python!";    # 第二个注释
```

输出结果如下:

```
Hello, Python!
```

注释也可以写在语句或表达式行末:

```
name = "Madisetti" # 又一个注释
```

多条注释示例如下:

```
# This is a comment.
# This is a comment, too.
# This is a comment, too.
# I said that already.
```

2.2.5　Python 中的空行

Python 中函数之间或类的方法之间需用空行分隔,表示一段新的代码开始。类和函数入口之间也需用一行空行分隔,以突出函数入口的开始。空行与代码缩进不同,空行并不是Python 语法的一部分,若书写时不插入空行,Python 解释器运行也不会出错。但是,空行的作用在于分隔两段不同功能或含义的代码,便于日后代码的维护或重构。

记住:空行也是程序代码的一部分。

2.2.6　等待用户输入

下面的程序在按 Enter 键后就会等待用户输入:

```
#!/usr/bin/python

raw_input("\n\nPress the enter key to exit.")
```

以上代码中,“\n\n”在结果输出前会输出两个新的空行。一旦用户按下 Enter 键,程序将退出。

2.2.7　同一行显示多条语句

Python 可以在同一行中使用多条语句,语句之间使用分号(;)分割,以下是一个简单的实例:

```
import sys; x = 'foo'; sys.stdout.write(x + '\n')
```

2.2.8 多条语句构成代码组

在 Python 中缩进相同的一组语句构成一个代码块,我们称之为代码组。例如 if、while、def 和 class 这样的复合语句,首行以关键字开始,以冒号(:)结束,该行之后的一行或多行代码则构成代码组。我们将首行及后面的代码组称为一个子句(clause),例如:

```
if expression :
    suite
elif expression :
    suite
else :
    suite
```

2.2.9 命令行参数

Python 中可以使用-h 查看各参数信息:

```
$ python - h
usage: python [option] ... [- c cmd | - m mod | file | -] [arg] ...
Options and arguments (and corresponding environment variables):
- c cmd : program passed in as string (terminates option list)
- d      : debug output from parser (also PYTHONDEBUG = x)
- E      : ignore environment variables (such as PYTHONPATH)
- h      : print this help message and exit

[ etc. ]
```

2.3 变量类型

变量是存储在内存中的值,这意味着在创建变量时会在内存中开辟一个空间。对于基于变量的数据类型,解释器会分配指定内存,并决定什么样的数据可以存储在内存中。因此,变量可以指定不同的数据类型,这些变量可以存储整数、小数或字符。

1. 变量赋值

① Python 中的变量不需要声明,变量的赋值操作既是变量声明也是定义的过程。

② 每个变量都在内存中创建,都包括变量的标识、名称和数据这些信息。

③ 每个变量在使用前都必须赋值,变量赋值后才会被创建。

④ 等号(=)用来给变量赋值。等号(=)运算符左边是一个变量名,右边是存储在变量中的值。例如:

```
# coding = utf - 8
# !/usr/bin/python


counter = 100      # 赋值整型变量
miles = 1000.0     # 赋值浮点型变量
name = "John"      # 赋值字符串变量


print counter
```

```
print miles
print name
```

在以上实例中，100、1000.0 和 John 分别赋值给变量 counter、miles、name。执行以上程序后会输出如下结果：

```
100
1000.0
John
```

2. 多个变量赋值

Python 允许同时为多个变量赋值，例如：

```
a = b = c = 1
```

在以上实例中，创建一个整型对象，其值为 1，3 个变量被分配到相同的内存空间上。也可以为多个对象指定多个变量，例如：

```
a, b, c = 1, 2, "john"
```

以上实例中，两个整型对象 1 和 2 分配给变量 a 和 b，字符串对象"john"分配给变量 c。

2.4　函　　数

2.4.1　函数的定义

可以在 Python 中定义功能的函数，简单规则如下：

① 函数代码块以 def 关键词开头，后接函数标识符名称和圆括号()。

② 任何传入参数和自变量都必须放在圆括号中，圆括号用于定义参数。

③ 函数的第一行语句可以选择性地使用文档字符串，用于存放函数说明。

④ 函数内容以冒号起始，并且缩进。

⑤ return[]是结束函数，选择性地返回一个值给调用方。不带表达式的 return 相当于返回 None。

```
def functionname( parameters ):
    "函数_文档字符串"
    function_suite
    return [expression]
```

默认情况下，参数值和参数名称是按函数声明中定义的顺序匹配的。

下面是一个简单的 Python 函数，它将一个字符串作为传入参数，再打印到标准显示设备上。

```
def printme( str ):
    "打印传入的字符串到标准显示设备上"
    print str
    return
```

2.4.2　函数的调用

定义函数只赋予函数一个名称，并指定函数里包含的参数和代码块结构。当函数的基本结构完成后,可以通过另一个函数调用执行,也可以直接从 Python 提示符执行。

例如,调用 printme()函数:

```
#coding = utf - 8
#!/usr/bin/python

# 函数在这里定义
def printme( str ):
    "打印任何传入的字符串"
    print str;
    return;

# 现在可以调用打印函数
printme("我要调用用户自定义函数!");
printme("再次调用同一函数");
```

输出结果如下:

```
我要调用用户自定义函数!
再次调用同一函数
```

2.4.3　按值传参和按引用传参

所有参数(自变量)在 Python 里都是按引用传递的。如果在函数里修改了参数,那么在调用该函数的函数里,原始参数也将被改变,如例 2.4-1 所示。

例 2.4-1　按引用传参示例

```
#coding = utf - 8
#!/usr/bin/python

# 可写函数说明
def changeme( mylist ):
    "修改传入的列表"
    mylist.append([1,2,3,4]);
    print "函数内取值:", mylist
    return

# 调用 changeme()函数
mylist = [10,20,30];
changeme( mylist );
print "函数外取值:", mylist
```

传入函数的对象和在函数内部对这些对象所做的修改,通常是基于同一个引用的,故输出结果如下:

```
函数内取值: [10, 20, 30, [1, 2, 3, 4]]
函数外取值: [10, 20, 30, [1, 2, 3, 4]]
```

2.4.4　参　数

Python 调用函数时可使用的正式参数类型包括必备参数、命名参数、默认参数以及不定长参数。

1. 必备参数

必备参数须以正确的顺序传入函数,调用时的数量必须与声明时的一样。例如调用

printme()函数时,必须传入一个参数,否则将出现语法错误,如例 2.4 - 2 所示。

例 2.4 - 2　必备参数示例

```
# coding = utf - 8
# !/usr/bin/python

# 可写函数说明
def printme( str ):
    "打印任何传入的字符串"
    print str;
    return;

# 调用 printme()函数
printme();
```

输出结果如下:

```
Traceback (most recent call last):
    File "test.py", line 11, in <module>
        printme();
TypeError: printme() takes exactly 1 argument (0 given)
```

2. 命名参数

命名参数与函数调用的关系紧密,调用方利用参数名来确定传入的参数值。用户可以跳过不传的参数或者乱序传递参数,因为 Python 解释器可用参数名匹配参数值。例如用命名参数调用 printme()函数:

```
# coding = utf - 8
# !/usr/bin/python

# 可写函数说明
def printme( str ):
    "打印任何传入的字符串"
    print str;
    return;

# 调用 printme()函数
printme( str = "My string");
```

输出结果如下:

```
My string
```

例 2.4 - 3 显示命名参数的顺序是不重要的。

例 2.4 - 3　命名参数示例

```
# coding = utf - 8
# !/usr/bin/python

# 可写函数说明
def printinfo( name, age ):
    "打印任何传入的字符串"
    print "Name:", name;
    print "Age ", age;
```

```
    return;

# 调用 printinfo()函数
printinfo( age = 50, name = "miki" );
```

输出结果如下：

```
Name： miki
Age   50
```

3. 默认参数

调用函数时,默认参数的值如果没有传入,则被认为用默认值。如例 2.4-4 所示,打印默认的 age 值。

例 2.4-4　默认参数示例

```
#coding = utf - 8
#!/usr/bin/python

# 可写函数说明
def printinfo( name, age = 35 ):
    "打印任何传入的字符串"
    print "Name：", name;
    print "Age ", age;
    return;

# 调用 printinfo()函数
printinfo( age = 50, name = "miki" );
printinfo( name = "miki" );
```

输出结果如下：

```
Name： miki
Age   50
Name： miki
Age   35
```

4. 不定长参数

编程时常常需要能处理比当初声明时更多参数的函数。这些参数称为不定长参数,与上述 3 种参数不同,其声明时不会命名。基本语法如下：

```
def functionname([formal_args,] * var_args_tuple ):
    "函数_文档字符串"
    function_suite
    return [expression]
```

加了星号(*)的变量名会存放所有未命名的变量参数,选择不多传参数也可以,如例 2.4-5 所示。

例 2.4-5　不定长参数示例

```
#coding = utf - 8
#!/usr/bin/python

# 可写函数说明
def printinfo( arg1, * vartuple ):
```

```
"打印任何传入的参数"
print "输出:"
print arg1
for var in vartuple:
    print var
return;

# 调用 printinfo()函数
printinfo( 10 );
printinfo( 70, 60, 50 );
```

输出结果如下:

```
输出:
10
输出:
70
60
50
```

2.4.5　return 语句

return 语句用于退出函数,并选择性地向调用方返回一个表达式。不带参数值的 return 语句返回 None。例 2.4 - 6 显示了如何返回数值。

例 2.4 - 6　return 语句示例

```
# coding = utf - 8
#!/usr/bin/python

# 可写函数说明
def sum( arg1, arg2 ):
    # 返回 2 个参数的和
    total = arg1 + arg2
    print "Inside the function : ", total
    return total;

# 调用 sum()函数
total = sum( 10, 20 );
print "Outside the function : ", total
```

输出结果如下:

```
Inside the function :  30
Outside the function :  30
```

2.5　字符串

字符串或串(string)是由数字、字母、下划线组成的一串字符。一般记为:

```
s = "a1a2…an"(n >= 0)
```

字符串是编程语言中表示文本的数据类型。Python 的字符串列表有 2 种取值顺序:

① 从左到右索引默认 0 开始的,最大范围是字符串长度减 1;

② 从右到左索引默认−1 开始的，最大范围是字符串开头索引。

如果要从长字符串中截取一部分作为一段子串，则可以通过变量[头下标:尾下标]来截取相应的字符串，其中下标从 0 开始算起，可以是正数或负数，下标为空时表示取到头或尾。比如：

```
s = 'ilovepython'
```

此时 s[1:5]的结果为 love。

当使用以冒号分隔的字符串时，Python 返回一个新的对象，该对象包含从指定的起始索引到结束索引之间的所有连续字符。例如上面的结果包含 s[1]的值 l，而取到的最大范围不包括上边界，即 s[5]的值 p。

加号（＋）是字符串连接运算符，星号（＊）是重复操作运算符，如例 2.5-1 所示。

例 2.5-1　字符串示例

```
# coding = utf - 8
# !/usr/bin/python

str = 'Hello World! '

print str                  # 输出完整字符串
print str[0]               # 输出字符串中的第一个字符
print str[2:5]             # 输出字符串中第三至五个字符之间的字符串
print str[2:]              # 输出从第三个字符开始的字符串
print str * 2              # 输出两次字符串
print str + "TEST"         # 输出连接的字符串
```

输出结果如下：

```
Hello World!
H
llo
llo World!
Hello World! Hello World!
Hello World! TEST
```

2.6　列　表

列表（list）是 Python 中使用最频繁的数据类型，它可以实现大多数集合类的数据结构，支持字符、数字、字符串，甚至可以包含列表（所谓嵌套）。列表用"[ ]"标识，是 Python 最通用的复合数据类型。

列表中值的分割也可以用到变量[头下标:尾下标]，即可以截取相应的列表。从左到右索引，默认由 0 开始；从右到左索引，默认由−1 开始。下标可以为空，表示取到头或尾。加号（＋）是列表连接运算符，星号（＊）是重复操作运算符。列表示例如例 2.6-1 所示。

例 2.6-1　列表示例

```
# coding = utf - 8
# !/usr/bin/python
list = [ 'abcd', 786 , 2.23, 'john', 70.2 ]
```

```
tinylist = [123, 'john']

print list                  # 输出完整列表
print list[0]               # 输出列表的第一个元素
print list[1:3]             # 输出第二至三个元素
print list[2:]              # 输出从第三个开始至列表末尾的所有元素
print tinylist * 2          # 输出两次列表
print list + tinylist       # 打印组合的列表
```

输出结果如下：

```
['abcd', 786, 2.23, 'john', 70.2]
abcd
[786, 2.23]
[2.23, 'john', 70.2]
[123, 'john', 123, 'john']
['abcd', 786, 2.23, 'john', 70.2, 123, 'john']
```

2.7　元　组

元组是 Python 中类似于列表的另一数据类型，用"( )"标识。其内部元素用逗号隔开，且元素不能二次赋值，相当于只读列表，如例 2.7 - 1 所示。

例 2.7 - 1　元组示例

```
# coding = utf - 8
# !/usr/bin/python
tuple = ('abcd', 786 , 2.23, 'john', 70.2)
tinytuple = (123, 'john')

print tuple                 # 输出完整元组
print tuple[0]              # 输出元组的第一个元素
print tuple[1:3]            # 输出第二至三个元素
print tuple[2:]             # 输出从第三个开始至元组末尾的所有元素
print tinytuple * 2         # 输出两次元组
print tuple + tinytuple     # 打印组合的元组
```

输出结果如下：

```
('abcd', 786, 2.23, 'john', 70.2)
abcd
(786, 2.23)
(2.23, 'john', 70.2)
(123, 'john', 123, 'john')
('abcd', 786, 2.23, 'john', 70.2, 123, 'john')
```

以下代码中元组是无效的，因为元组是不允许更新的，而列表是允许更新的：

```
# coding = utf - 8
# !/usr/bin/python

tuple = ('abcd', 786 , 2.23, 'john', 70.2)
list = ['abcd', 786 , 2.23, 'john', 70.2]
tuple[2] = 1000             # 元组中是非法应用
list[2] = 1000              # 列表中是合法应用
```

2.8 字　典

字典(dictionary)是除列表以外 Python 中最灵活的内置数据结构类型。列表是有序的对象结合,而字典是无序的对象集合。两者之间的区别在于:字典中的元素是通过键来存取,而不是通过偏移来存取。字典用"{ }"标识,由索引(key)和它对应的值 value 组成,如例 2.8 - 1 所示。

例 2.8 - 1　字典示例

```
# coding = utf - 8
# !/usr/bin/python


dict = {}
dict['one'] = "This is one"
dict[2] = "This is two"

tinydict = {'name': 'john','code':6734, 'dept': 'sales'}

print dict['one']              # 输出键为 'one' 的值
print dict[2]                  # 输出键为 2 的值
print tinydict                 # 输出完整的字典
print tinydict.keys()          # 输出所有键
print tinydict.values()        # 输出所有值
```

输出结果如下:

```
This is one
This is two
{'name': 'john', 'code': 6734, 'dept': 'sales'}
['name', 'code', 'dept']
['john', 6734, 'sales']
```

2.9 数据类型转换

有时需要对数据内置的类型进行转换。要完成数据类型的转换,只需要将数据类型作为函数名即可。表 2.9 - 1 所列为数据类型转换内置函数,可以实现数据类型之间的转换。这些函数将返回一个新的对象,表示转换的值。

表 2.9 - 1　数据类型转换内置函数

函　　数	描　　述
int(x [,base])	将 x 转换为整数
long(x [,base])	将 x 转换为长整数
float(x)	将 x 转换到浮点数
complex(real [,imag])	创建复数
str(x)	将对象 x 转换为字符串
repr(x)	将对象 x 转换为表达式字符串

续表 2.9 - 1

函　　数	描　　述
eval(str)	用于计算字符串中的有效 Python 表达式,并返回一个对象
tuple(s)	将序列 s 转换为元组
list(s)	将序列 s 转换为列表
set(s)	将序列 s 转换为可变集合
dict(d)	创建字典,其中 d 必须是一个序列(key,value)元组
frozenset(s)	将序列 s 转换为不可变集合
chr(x)	将整数 x 转换为字符
unichr(x)	将整数 x 转换为 Unicode 字符
ord(x)	将字符 x 转换为其整数值
hex(x)	将整数 x 转换为十六进制字符串
oct(x)	将整数 x 转换为八进制字符串

2.10　运算符

本节主要对 Python 中的运算符作简要说明。举个简单的例子,在 $4+5=9$ 中,4 和 5 称为操作数,而"+"号称为运算符。Python 语言支持的运算符包括:算术运算符、比较(关系)运算符、赋值运算符、位运算符、逻辑运算符、成员运算符、身份运算符以及运算符优先级。

2.10.1　算术运算符

表 2.10 - 1 所列为 Python 中常用的算术运算符,并假设变量 a 为 10,变量 b 为 20。

表 2.10 - 1　算术运算符

运算符	描　　述	实　　例
+	加:两个对象相加	"a+b"的输出结果为 30
-	减:得到负数或是一个数减去另一个数	"a-b"的输出结果为 -10
*	乘:两个数相乘或是返回一个被重复若干次的字符串	"a * b"的输出结果为 200
/	除:x 除以 y	"b/a"的输出结果为 2
%	取模:返回除法的余数	"b%a"的输出结果为 0
**	幂:返回 x 的 y 次幂	"a**b"为 10 的 20 次方,输出结果为 100000000000000000000
//	取整除:返回商的整数部分	"9//2"的输出结果为 4,"9.0//2.0"的输出结果为 4.0

例 2.10 - 1 演示了 Python 中算术运算符的操作。

例 2.10 - 1　算术运算符示例

```
#!/usr/bin/python
```

```
a = 21
b = 10
c = 0

c = a + b
print "Line 1 - Value of c is ", c

c = a - b
print "Line 2 - Value of c is ", c

c = a * b
print "Line 3 - Value of c is ", c

c = a / b
print "Line 4 - Value of c is ", c

c = a % b
print "Line 5 - Value of c is ", c

a = 2
b = 3
c = a**b
print "Line 6 - Value of c is ", c

a = 10
b = 5
c = a//b
print "Line 7 - Value of c is ", c
```

输出结果如下:

```
Line 1 - Value of c is 31
Line 2 - Value of c is 11
Line 3 - Value of c is 210
Line 4 - Value of c is 2
Line 5 - Value of c is 1
Line 6 - Value of c is 8
Line 7 - Value of c is 2
```

2.10.2 比较运算符

表 2.10-2 所列为 Python 中常见的比较运算符,并假设变量 a 为 10,变量 b 为 20。

表 2.10-2 比较运算符

运算符	描　　述	实　例
==	等于:比较对象是否相等	"(a==b)"返回 False
!=	不等于:比较两个对象是否不相等	"(a!=b)"返回 True
<>	不等于:比较两个对象是否不相等	"(a<>b)"返回 True。这个运算符类似!=
>	大于:比较一个对象是否大于另一个对象	"(a>b)"返回 False

运算符	描　　述	实　　例
<	小于:比较一个对象是否小于另一个对象	"(a<b)"返回 True
>=	大于或等于:比较一个对象是否大于或等于另一个对象	"(a>=b)"返回 False
<=	小于或等于:比较一个对象是否小于或等于另一个对象	"(a<=b)"返回 True

例 2.10 - 2 演示了 Python 中比较运算符的操作。

例 2.10 - 2　比较运算符示例

```
#!/usr/bin/python

a = 21
b = 10
c = 0

if ( a == b ):
   print "Line 1 - a is equal to b"
else:
   print "Line 1 - a is not equal to b"

if ( a != b ):
   print "Line 2 - a is not equal to b"
else:
   print "Line 2 - a is equal to b"

if ( a <> b ):
   print "Line 3 - a is not equal to b"
else:
   print "Line 3 - a is equal to b"

if ( a < b ):
   print "Line 4 - a is less than b"
else:
   print "Line 4 - a is not less than b"

if ( a > b ):
   print "Line 5 - a is greater than b"
else:
   print "Line 5 - a is not greater than b"

a = 5;
b = 20;
if ( a <= b ):
   print "Line 6 - a is either less than or equal to  b"
else:
   print "Line 6 - a is neither less than nor equal to  b"

if ( b >= a ):
   print "Line 7 - b is either greater than  or equal to b"
else:
   print "Line 7 - b is neither greater than  nor equal to b"
```

输出结果如下：

```
Line 1 - a is not equal to b
Line 2 - a is not equal to b
Line 3 - a is not equal to b
Line 4 - a is not less than b
Line 5 - a is greater than b
Line 6 - a is either less than or equal to b
Line 7 - b is either greater than or equal to b
```

2.10.3 赋值运算符

表 2.10 - 3 所列为 Python 中常用的赋值运算符。

表 2.10 - 3　赋值运算符

运算符	描　述	实　例
=	简单的赋值运算符	"c＝a＋b"将 $a+b$ 的运算结果赋值为 c
＋＝	加法赋值运算符	"c＋＝a"等效于"c＝c＋a"
－＝	减法赋值运算符	"c－＝a"等效于"c＝c－a"
＊＝	乘法赋值运算符	"c＊＝a"等效于"c＝c＊a"
/＝	除法赋值运算符	"c/＝a"等效于"c＝c/a"
%＝	取模赋值运算符	"c%＝a"等效于"c＝c%a"
＊＊＝	幂赋值运算符	"c＊＊＝a"等效于"c＝c＊＊a"
//＝	取整除赋值运算符	"c//＝a"等效于"c＝c//a"

例 2.10 - 3 演示了 Python 中赋值运算符的操作。

例 2.10 - 3　赋值运算符示例

```
# !/usr/bin/python

a = 21
b = 10
c = 0

c = a + b
print "Line 1 - Value of c is ", c

c += a
print "Line 2 - Value of c is ", c

c -= a
print "Line 3 - Value of c is ", c

c *= a
print "Line 4 - Value of c is ", c

c /= a
print "Line 5 - Value of c is ", c
```

```
c = 2
c %= a
print "Line 6 - Value of c is ", c

c **= a
print "Line 7 - Value of c is ", c

c //= a
print "Line 8 - Value of c is ", c
```

输出结果如下：

```
Line 1 - Value of c is 31
Line 2 - Value of c is 52
Line 3 - Value of c is 31
Line 4 - Value of c is 651
Line 5 - Value of c is 31
Line 6 - Value of c is 2
Line 7 - Value of c is 2097152
Line 8 - Value of c is 99864
```

2.10.4　位运算符

Python 中的位运算符是把数字看作二进制进行计算，运算法则如表 2.10 - 4 所列，假设 $a=60, b=13$。

表 2.10 - 4　位运算符

运算符	描　述	实　例
&	按位"与"运算符	"a & b"的输出结果为 12,二进制解释:0000 1100
|	按位"或"运算符	"a|b"的输出结果为 61,二进制解释:0011 1101
ˆ	按位"异或"运算符	"aˆb"的输出结果为 49,二进制解释:0011 0001
~	按位取反运算符	"~a"的输出结果为 −61,二进制解释:1100 0011。一个有符号二进制数的补码形式
≪	左移动运算符	"a≪2"的输出结果为 240,二进制解释:1111 0000
≫	右移动运算符	"a≫2"的输出结果为 15,二进制解释:0000 1111

例 2.10 - 4 演示了 Python 中位运算符的操作。

例 2.10 - 4　位运算符示例

```
#!/usr/bin/python

a = 60          # 60 = 0011 1100
b = 13          # 13 = 0000 1101
c = 0

c = a & b;      # 12 = 0000 1100
print "Line 1 - Value of c is ", c
```

```
c = a | b;            # 61 = 0011 1101
print "Line 2 - Value of c is ", c

c = a ^ b;            # 49 = 0011 0001
print "Line 3 - Value of c is ", c

c = ~a;               # -61 = 1100 0011
print "Line 4 - Value of c is ", c

c = a << 2;           # 240 = 1111 0000
print "Line 5 - Value of c is ", c

c = a >> 2;           # 15 = 0000 1111
print "Line 6 - Value of c is ", c
```

输出结果如下：

```
Line 1 - Value of c is 12
Line 2 - Value of c is 61
Line 3 - Value of c is 49
Line 4 - Value of c is -61
Line 5 - Value of c is 240
Line 6 - Value of c is 15
```

2.10.5 逻辑运算符

表 2.10-5 所列为 Python 支持的逻辑运算符，并假设变量 a 为 10，变量 b 为 20。

表 2.10-5 逻辑运算符

运算符	描述	实例
and	布尔"与"：返回第一个为"假"(False)的操作数，如果所有操作数都是"真"(True)，则返回最后一个操作数	因为 a 和 b 不为 0，即不为 False，所以进行"与"操作后返回最后一个操作数，即 b，也就是 True
or	布尔"或"：返回第一个为"真"(True)的操作数，如果所有操作数都是"假"(False)，则返回"假"(False)	因为 a 和 b 不为 0，即不为 False，所以进行"或"操作后返回第一个为"真"(True)的操作数，即 a，也就是 True
not	取反操作数的布尔值。如果操作数为"真"(True)，not 运算符返回"假"(False)；如果操作数为"假"(False)，则返回"真"(True)	因为"a and b"返回 Ture，对其进行取反操作，故返回 False

例 2.10-5 演示了 Python 中逻辑运算符的操作。

例 2.10-5 逻辑运算符示例

```
#!/usr/bin/python

a = 10
b = 20
c = 0

if ( a and b ):
    print "Line 1 - a and b are true"
else:
```

```
    print "Line 1 - Either a is not true or b is not true"

if ( a or b )：
    print "Line 2 - Either a is true or b is true or both are true"
else：
    print "Line 2 - Neither a is true nor b is true"

a = 0
if ( a and b )：
    print "Line 3 - a and b are true"
else：
    print "Line 3 - Either a is not true or b is not true"

if ( a or b )：
    print "Line 4 - Either a is true or b is true or both are true"
else：
    print "Line 4 - Neither a is true nor b is true"

if not( a and b )：
    print "Line 5 - Either a is not true or b is   not true or both are not true"
else：
    print "Line 5 - a and b are true"
```

输出结果如下：

```
Line 1 - a and b are true
Line 2 - Either a is true or b is true or both are true
Line 3 - Either a is not true or b is not true
Line 4 - Either a is true or b is true or both are true
Line 5 - Either a is not true or b is not true or both are not true
```

2.10.6　成员运算符

除了以上一些运算符之外，Python 还支持成员运算符，如表 2.10 - 6 所列。

表 2.10 - 6　成员运算符

运算符	描　　述	实　　例
in	如果在指定的序列中找到值，则返回 True，否则返回 False	"a in [a,b]"返回 True
not in	如果在指定的序列中没有找到值，则返回 True，否则返回 False	"a not in [b,c]"返回 True

例 2.10 - 6 演示了 Python 中所有成员运算符的操作。

例 2.10 - 6　成员运算符示例

```
# !/usr/bin/python

a = 10
b = 20
list = [1, 2, 3, 4, 5 ]；

if ( a in list )：
    print "Line 1 - a is available in the given list"
```

```
else：
    print "Line 1 - a is not available in the given list"

if ( b not in list )：
    print "Line 2 - b is not available in the given list"
else：
    print "Line 2 - b is available in the given list"

a = 2
if ( a in list )：
    print "Line 3 - a is available in the given list"
else：
    print "Line 3 - a is not available in the given list"
```

输出结果如下：

```
Line 1 - a is not available in the given list
Line 2 - b is not available in the given list
Line 3 - a is available in the given list
```

2.10.7 身份运算符

Python 中的身份运算符用于比较两个对象的存储单元，运算规则如表 2.10 - 7 所列。

表 2.10 - 7 身份运算符

运算符	描　述	实　例
is	is 用于判断两个标识符是不是引用自一个对象	"a is b"，如果 id(a)等于 id(b)，is 返回结果 1
is not	is not 用于判断两个标识符是不是引用自不同对象	"x is not y"，如果 id(a)不等于 id(b)，is not 返回结果 1

例 2.10 - 7 演示了 Python 中身份运算符的操作。

例 2.10 - 7 身份运算符示例

```
#!/usr/bin/python

a = 20
b = 20

if ( a is b )：
    print "Line 1 - a and b have same identity"
else：
    print "Line 1 - a and b do not have same identity"

if ( id(a) == id(b) )：
    print "Line 2 - a and b have same identity"
else：
    print "Line 2 - a and b do not have same identity"

b = 30
if ( a is b )：
    print "Line 3 - a and b have same identity"
```

```
else:
    print "Line 3 - a and b do not have same identity"

if ( a is not b ):
    print "Line 4 - a and b do not have same identity"
else:
    print "Line 4 - a and b have same identity"
```

输出结果如下：

```
Line 1 - a and b have same identity
Line 2 - a and b have same identity
Line 3 - a and b do not have same identity
Line 4 - a and b do not have same identity
```

2.10.8　运算符优先级

表 2.10 - 8 列出了 Python 中优先级从高到低的所有运算符。

表 2.10 - 8　运算符优先级

运算符	描　　述
**	幂运算符(最高优先级)
~,+,-	按位取反运算符,一元加号运算符和一元减号运算符
*,/,%,//	乘、除、取模和取整除运算符
+,-	加法、减法运算符
≫,≪	右移、左移运算符
&	位运算符
^,|	位运算符
<=,<,>,>=	比较运算符
<>,==,!=	比较运算符
=,%=,/=,//=,-=,+=,*=,**=	赋值运算符
is, is not	身份运算符
in, not in	成员运算符
not, or, and	逻辑运算符

例 2.10 - 8 演示了 Python 中部分运算符优先级的操作。

例 2.10 - 8　部分运算符优先级示例

```
#!/usr/bin/python


a = 20
b = 10
c = 15
d = 5
e = 0
```

```
e = (a + b) * c / d        #( 30 * 15 ) / 5
print "Value of (a + b) * c / d is", e

e = ((a + b) * c) / d      # (30 * 15 ) / 5
print "Value of ((a + b) * c) / d is ", e

e = (a + b) * (c / d);     # (30) * (15/5)
print "Value of (a + b) * (c / d) is ", e

e = a + (b * c) / d;       #  20 + (150/5)
print "Value of a + (b * c) / d is ", e
```

输出结果如下:

```
Value of (a + b) * c / d is 90
Value of ((a + b) * c) / d is 90
Value of (a + b) * (c / d) is 90
Value of a + (b * c) / d is 50
```

2.11　条件语句

Python 中的条件语句是通过一条或多条语句的执行结果(True 或者 False)来决定执行的代码块的。图 2.2 所示为条件语句的执行过程。

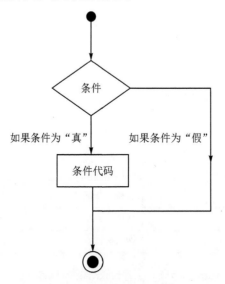

图 2.2　条件语句执行过程

Python 程序语言指定任何非零和非空值为 True,零或者空为 False。在 Python 编程中 if 语句用于控制程序的执行,基本形式如下:

```
if 判断条件:
    执行语句
else:
    执行语句
```

若"判断条件"成立(非零),则执行后面的语句。执行语句可以多行,以缩进来区分表示同一范围的内容。else 为可选语句,若需要在条件不成立时执行内容,可以执行相关语句。if 语句的基本用法如例 2.11 - 1 所示。

例 2.11 - 1　if 语句的基本用法

```
# coding = utf8
# 例 1:if 基本用法

flag = False
name = 'luren'
if name == 'python':          # 判断变量是否为 python
    flag = True               # 条件成立时设置标志为真
    print 'welcome boss'      # 输出欢迎信息
else:
    print name                # 条件不成立时输出变量名称
```

输出结果如下:

```
>>> luren                # 输出结果
```

if 语句的判断条件可以用">"(大于)、"<"(小于)、"=="(等于)、">="(大于或等于)、"<="(小于或等于)来表示。当判断条件为多个值时,可以使用以下形式:

```
if 判断条件 1:
    执行语句 1
elif 判断条件 2:
    执行语句 2
elif 判断条件 3:
    执行语句 3
else:
    执行语句 4
```

elif 语句的基本用法如例 2.11 - 2 所示。

例 2.11 - 2　elif 语句的基本用法

```
# coding = utf8
# 例 2:elif 用法

num = 5
if num == 3:              # 判断 num 的值
    print 'boss'
elif num == 2:
    print 'user'
elif num == 1:
    print 'worker'
elif num < 0:             # 值小于零时输出
    print 'error'
else:
    print 'roadman'       # 条件均不成立时输出
```

输出结果如下:

```
>>> roadman              # 输出结果
```

由于 Python 不支持 switch 语句,所以多个条件判断只能用 elif 语句来实现。如果需要多个条件同时判断,可以使用 or(或),表示两个条件有一个成立就判断条件成功;也可以使用

and(与),表示只有两个条件同时成立才能判断条件成功。例 2.11-3 所示为 if 语句多个条件的基本用法。

例 2.11-3 if 语句多个条件的基本用法(1)

```
# coding = utf8
# 例 3：if 语句多个条件

num = 9
if num >= 0 and num <= 10:       # 判断值是否在 0~10 之间
    print 'hello'
>>> hello                        # 输出结果

num = 10
if num < 0 or num > 10:          # 判断值是否小于 0 或大于 10
    print 'hello'
else:
    print 'undefine'
>>> undefine                     # 输出结果

num = 8
# 判断值是否在 0~5 之间或者 10~15 之间
if (num >= 0 and num <= 5) or (num >= 10 and num <= 15):
    print 'hello'
else:
    print 'undefine'
>>> undefine                     # 输出结果
```

当 if 有多个条件时可使用括号来区分判断的先后顺序,括号中的判断优先执行。此外,and 和 or 的优先级低于">"(大于)、"<"(小于)等判断符号,即大于和小于在没有括号的情况下会比 and 和 or 优先判断。也可以在同一行的位置上使用 if 条件判断语句,如例 2.11-4 所示。

例 2.11-4 if 语句判断的基本用法

```
#!/usr/bin/python

var = 100

if ( var == 100 ) : print "Value of expression is 100"

print "Good bye!"
```

输出结果如下:

```
Value of expression is 100
Good bye!
```

2.12 循环语句

本节将介绍 Python 中的循环语句。一般情况下,程序是按顺序执行的,而编程语言提供了各种控制结构,从而允许更复杂的执行路径。循环语句可以执行一条语句或语句组多次,其执行过程如图 2.3 所示。

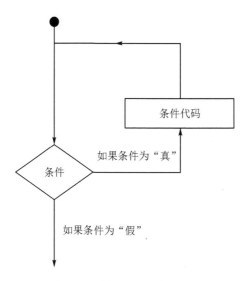

条件代码

如果条件为"真"

条件

如果条件为"假"

图 2.3　循环语句执行过程

Python 中也提供了 for 循环和 while 循环(在 Python 中没有 do…while 循环),运算规则如表 2.12－1 所列。

表 2.12－1　循环语句运算规则

循环类型	描　述
while 循环	在给定的判断条件为 True 时执行循环体,否则退出循环体
for 循环	重复执行语句
嵌套循环	可以在 while 循环体中嵌套 for 循环

此外,循环控制语句可以更改语句执行的顺序。Python 支持如表 2.12－2 所列的循环控制语句。

表 2.12－2　循环控制语句

控制语句	描　述
break 语句	在语句块执行过程中终止循环,并且跳出整个循环
continue 语句	在语句块执行过程中终止当前循环,并跳出该次循环,执行下一次循环
pass 语句	pass 是空语句,是为了保持程序结构的完整性

2.12.1　while 循环语句

Python 编程中 while 循环语句用于循环执行程序,即在某条件下,循环执行某段程序,以处理需要重复处理的相同任务。其基本形式如下:

```
while 判断条件:
    执行语句…
```

执行语句可以是单条语句,也可以是语句块。判断条件可以是任何表达式,任何非零或非空的值均为 True。当判断条件为 False 时,循环结束。while 循环语句执行过程如图 2.4 所示。例 2.12－1 所示为 while 循环语句示例。

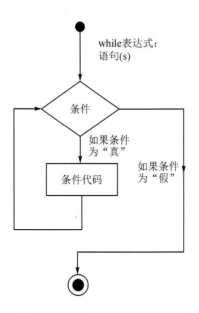

图 2.4　while 循环语句执行过程

例 2.12－1　while 循环语句示例

```
#!/usr/bin/python

count = 0
while (count < 9):
    print 'The count is:', count
    count = count + 1

print "Good bye!"
```

输出结果如下:

```
The count is: 0
The count is: 1
The count is: 2
The count is: 3
The count is: 4
The count is: 5
The count is: 6
The count is: 7
The count is: 8
Good bye!
```

while 循环语句还有另外两个重要的命令:continue 和 break,其中 continue 用于跳过循环,break 则是退出循环。此外,"判断条件"还可以是非零常数,表示循环必定成立,如例 2.12－2 所示。

例 2.12 - 2　continue 和 break 语句示例

```
# continue 和 break 用法

i = 1
while i < 10:
    i += 1
    if i % 2 > 0:        # 非双数时跳过输出
        continue
    print i              # 输出双数 2、4、6、8、10

i = 1
while 1:                 # 循环条件为 1 必定成立
    print i              # 输出 1~10
    i += 1
    if i > 10:           # 当 i 大于 10 时跳出循环
        break
```

如果条件判断语句永远为 True,则循环将会进入无限循环模式,如例 2.12 - 3 所示。

例 2.12 - 3　条件判断语句永远为 True 时示例

```
# coding = utf - 8
# !/usr/bin/python

var = 1
while var == 1 :     # 该条件永远为 True,循环将无限执行下去
    num = raw_input("Enter a number    :")
    print "You entered: ", num

print "Good bye!"
```

输出结果如下:

```
Enter a number    :20
You entered:  20
Enter a number    :29
You entered:  29
Enter a number    :3
You entered:  3
Enter a number between :Traceback (most recent call last):
  File "test.py", line 5, in <module>
    num = raw_input("Enter a number :")
KeyboardInterrupt
```

注意:以上的无限循环可以使用 Ctrl+C 快捷键来中断。

在 Python 中,while…else 中的语句与其他程序语言中的没有区别,else 中的语句会在循环正常执行完的情况下执行,如例 2.12 - 4 所示。

例 2.12 - 4　while…else 语句示例

```
# !/usr/bin/python

count = 0
```

```
while count < 5:
    print count, " is  less than 5"
    count = count + 1
else:
    print count, " is not less than 5"
```

输出结果如下：

```
0 is less than 5
1 is less than 5
2 is less than 5
3 is less than 5
4 is less than 5
5 is not less than 5
```

类似 if 语句的语法，如果 while 循环体中只有一条语句，则可以将该语句与 while 语句写在同一行中，如例 2.12 - 5 所示。

例 2.12 - 5 单条 while 语句示例

```
#!/usr/bin/python

flag = 1

while (flag): print 'Given flag is really true! '

print "Good bye!"
```

注意：以上的无限循环可以使用 Ctrl＋C 快捷键来中断。

2.12.2 for 循环语句

在 Python 中，for 循环可以遍历任何序列的项目，如一个列表或者一个字符串。for 循环的语法如下：

```
for iterating_var in sequence:
    statements(s)
```

for 循环语句执行过程如图 2.5 所示，for 循环语句的用法如例 2.12 - 6 所示。

例 2.12 - 6   for 循环语句示例

```
#!/usr/bin/python

for letter in 'Python':       # 第一个示例
    print 'Current Letter :', letter

fruits = ['banana', 'apple',  'mango']
for fruit in fruits:          # 第二个示例
    print 'Current fruit :', fruit

print "Good bye!"
```

输出结果如下：

```
Current Letter : P
Current Letter : y
```

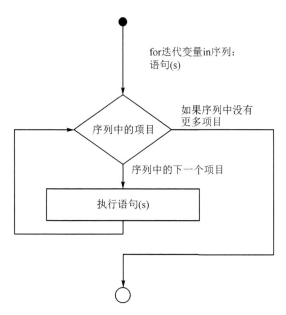

for迭代变量in序列:
　语句(s)

如果序列中没有
更多项目

序列中的项目

序列中的下一个项目

执行语句(s)

图 2.5　for 循环语句执行过程

```
Current Letter : t
Current Letter : h
Current Letter : o
Current Letter : n
Current fruit : banana
Current fruit : apple
Current fruit : mango
Good bye!
```

另外一种执行循环的遍历方式是索引,如例 2.12 - 7 所示。

例 2.12 - 7　通过索引遍历循环示例

```
#!/usr/bin/python

fruits = ['banana', 'apple', 'mango']
for index in range(len(fruits)):
    print 'Current fruit :', fruits[index]

print "Good bye!"
```

输出结果如下:

```
Current fruit : banana
Current fruit : apple
Current fruit : mango
Good bye!
```

以上实例使用了内置函数 len()和 range(),其中,函数 len()返回列表的长度,即元素的个数;函数 range()返回一个序列的数。

在 Python 中,for 中的语句与其他程序语言没有区别,else 中的语句会在循环正常执行完(即 for 不是通过 break 跳出而中断的)的情况下执行。for…else 语句示例如例 2.12 - 8 所示。

例 2.12 - 8 for…else 语句示例

```
# !/usr/bin/python

for num in range(10,20):          # 在 10 到 20 之间进行迭代
    for i in range(2,num):        # 对数字的因数进行迭代
        if num % i == 0:          # 确定第一个因数
            j = num/i             # 计算第二个因数
            print '%d equals %d * %d' % (num,i,j)
            break                 # 移动到下一个数字,第一个 for 循环
    else:                         # 循环的 else 部分
        print num, 'is a prime number'
```

输出结果如下:

```
10 equals 2 * 5
11 is a prime number
12 equals 2 * 6
13 is a prime number
14 equals 2 * 7
15 equals 3 * 5
16 equals 2 * 8
17 is a prime number
18 equals 2 * 9
19 is a prime number
```

2.12.3 嵌套循环

Python 语言允许在一个循环中嵌入另一个循环。for 嵌套循环语法如下:

```
for iterating_var in sequence:
    for iterating_var in sequence:
        statements(s)
    statements(s)
```

while 嵌套循环语法如下:

```
while expression:
    while expression:
        statement(s)
    statement(s)
```

可以在循环内嵌入其他循环,如在 while 循环中可以嵌入 for 循环;反之,也可以在 for 循环中嵌入 while 循环。如例 2.12 - 9 所示,使用嵌套循环输出 2~100 之间的素数。

例 2.12 - 9 while 嵌套循环示例

```
# coding = utf - 8
# !/usr/bin/python

i = 2
while(i < 100):
    j = 2
    while(j <= (i/j)):
        if not(i % j): break
```

```
        j = j + 1
   if (j > i/j) : print i, "是素数"
   i = i + 1

print "Good bye!"
```

输出结果如下：

```
2 是素数
3 是素数
5 是素数
7 是素数
11 是素数
13 是素数
17 是素数
19 是素数
23 是素数
29 是素数
31 是素数
37 是素数
41 是素数
43 是素数
47 是素数
53 是素数
59 是素数
61 是素数
67 是素数
71 是素数
73 是素数
79 是素数
83 是素数
89 是素数
97 是素数
Good bye!
```

2.12.4　break 语句

Python 中 break 语句与 C 语言中 break 语句的用法相同,用于打破最小封闭 for 或 while 的循环。break 语句是用来终止循环语句的,即循环条件没有 False 条件或者序列没被完全递归完,也会停止执行循环语句。如果使用嵌套循环,则 break 语句将停止执行最深层的循环,并开始执行下一行代码。Python 中 break 语句的语法格式如下:

```
break
```

break 语句执行过程如图 2.6 所示,break 语句的用法如例 2.12 - 10 所示。

例 2.12 - 10　break 语句示例

```
#!/usr/bin/python

for letter in 'Python':      # 第一个示例
    if letter == 'h':
        break
```

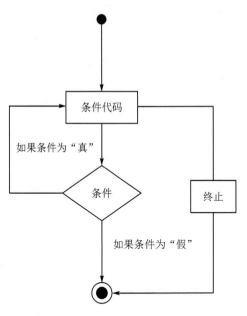

图 2.6　break 语句执行过程

```
    print 'Current Letter :', letter

var = 10                        # 第二个示例
while var > 0:
    print 'Current variable value :', var
    var = var - 1
    if var == 5:
        break

print "Good bye!"
```

输出结果如下:

```
Current Letter : P
Current Letter : y
Current Letter : t
Current variable value : 10
Current variable value : 9
Current variable value : 8
Current variable value : 7
Current variable value : 6
Good bye!
```

2.12.5　continue 语句

在 Python 中,break 语句是跳出整个循环,而 continue 语句是跳出当前循环的剩余语句,然后继续进行下一轮循环。continue 语句可用在 while 和 for 循环中。continue 语句的语法格式如下:

```
continue
```

continue 语句执行过程如图 2.7 所示，continue 语句的用法如例 2.12 - 11 所示。

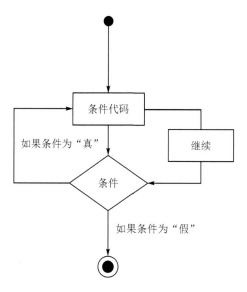

图 2.7　continue 语句执行过程

例 2.12 - 11　continue 语句示例

```
#!/usr/bin/python

for letter in 'Python':        # 第一个示例
    if letter == 'h':
        continue
    print 'Current Letter :', letter

var = 10                       # 第二个示例
while var > 0:
    var = var - 1
    if var == 5:
        continue
    print 'Current variable value :', var
print "Good bye!"
```

输出结果如下：

```
Current Letter : P
Current Letter : y
Current Letter : t
Current Letter : o
Current Letter : n
Current variable value : 9
Current variable value : 8
Current variable value : 7
Current variable value : 6
Current variable value : 4
Current variable value : 3
Current variable value : 2
```

```
Current variable value : 1
Current variable value : 0
Good bye!
```

2.12.6 pass 语句

在 Python 中，pass 语句是空语句，其功能是为了保持程序结构的完整性。pass 语句的语法格式如下，用法如例 2.12 - 12 所示。

```
pass
```

例 2.12 - 12　pass 语句示例

```
#!/usr/bin/python

for letter in 'Python':
    if letter == 'h':
        pass
        print 'This is pass block'
    print 'Current Letter :', letter

print "Good bye!"
```

输出结果如下：

```
Current Letter : P
Current Letter : y
Current Letter : t
This is pass block
Current Letter : h
Current Letter : o
Current Letter : n
Good bye!
```

2.13　数　字

Python 中的数字数据类型用于存储数值。数字数据类型是不允许改变的，这就意味着如果改变数字数据类型的值，就要重新分配内存空间。以下实例表示在变量赋值时数字对象将被创建：

```
var1 = 1
var2 = 10
```

可以使用 del 语句删除一些数字对象引用。del 语句的语法如下：

```
del var1[,var2[,var3[...,varN]]]
```

还可以使用 del 语句删除单个或多个对象，例如：

```
del var
del var_a, var_b
```

Python 支持 4 种不同的数值类型，其示例如表 2.13 - 1 所列。

① 整型（int）：通常被称为整型或整数，是正或负整数，不带小数点。

② 长整型（long）：无限大小的整数，整数最后是 L 或 l。

③ 浮点型(float):由整数部分与小数部分组成,也可以使用科学计数法表示($2.5e2=2.5×10^2=250$)。

④ 复数型(complex):其虚部以字母 J 或 j 结尾,如 2+3j。

表 2.13 - 1　数值类型示例

int	long	float	complex
10	51924361L	0.0	3.14j
100	−0x19323L	15.20	45j
−786	0122L	−21.9	9.322e−36j
080	0xDEFABCECBDAECBFBAEL	32.3+e18	.876j
−0490	535633629843L	−90.	−.6545+0J
−0x260	−052318172735L	−32.54e100	3e+26J
0x69	−4721885298529L	70.2−e12	4.53e−7j

注:① 长整型可以使用 l,但还是建议使用 L,避免与数字 1 混淆。故 Python 使用 L 来显示长整型。

② Python 还支持复数,复数由实数部分和虚数部分构成,可以用 $a+bj$ 或者 complex(a,b) 表示,复数的实部 a 和虚部 b 都是浮点型。

2.13.1　数字类型转换

Python 中常用的数字类型转换方法如表 2.13 - 2 所列。

表 2.13 - 2　数字类型转换方法

数字转换方法	方法解释
int(x [,base])	将 x 转换为整数
long(x [,base])	将 x 转换为长整数
float(x)	将 x 转换为浮点数
complex(real [,imag])	创建一个复数
str(x)	将对象 x 转换为字符串
repr(x)	将对象 x 转换为表达式字符串
eval(str)	用来计算在字符串中的有效 Python 表达式,并返回一个对象
tuple(s)	将序列 s 转换为元组
list(s)	将序列 s 转换为列表
chr(x)	将整数 x 转换为字符
unichr(x)	将整数 x 转换为 Unicode 字符
ord(x)	将字符 x 转换为它的整数值
hex(x)	将整数 x 转换为十六进制字符串
oct(x)	将整数 x 转换为八进制字符串

2.13.2　数学函数

表 2.13-3 所列为 Python 中常用的数学函数。

表 2.13-3　数学函数

函　数	返回值（描述）
abs(x)	返回数字 x 的绝对值，如 abs(−10) 返回 10
ceil(x)	返回数字 x 的上入整数，如 math.ceil(4.1) 返回 5
cmp(x, y)	如果 $x < y$，则返回 −1；如果 $x = y$，则返回 0；如果 $x > y$，则返回 1
exp(x)	返回 e 的 x 次幂（e^x），如 math.exp(1) 返回 2.718 281 828 459 045
fabs(x)	返回浮点数 x 的绝对值，如 math.fabs(−10.0) 返回 10.0
floor(x)	返回数字 x 的下舍整数，如 math.floor(4.9) 返回 4
log(x)	返回以 e 为基数的自然对数，如 math.log(math.e) 返回 1
log10(x)	返回以 10 为基数的 x 的对数，如 math.log10(100) 返回 2.0
max(x1, x2, …)	返回给定参数的最大值，参数可以为序列
min(x1, x2, …)	返回给定参数的最小值，参数可以为序列
modf(x)	返回数字 x 的整数部分与小数部分，两部分的数值符号与 x 相同，整数部分以浮点型表示
pow(x, y)	返回"x**y"运算后的值
round(x[,n])	返回浮点数 x 的四舍五入值，给出的 n 值代表舍入到小数点后的位数
sqrt(x)	返回数字 x 的平方根，数字可以为负数，返回类型为实数，如 math.sqrt(4) 返回 2+0j

2.13.3　随机数函数

随机数可以用于数学、游戏、安全等领域中，还经常被嵌入到算法中，用以提高算法效率，提高程序安全性。表 2.13-4 所列为 Python 中的常用随机数函数。

表 2.13-4　随机数函数

函　数	描　述
choice(seq)	从序列的元素中随机挑选一个元素，比如 random.choice(range(10))，从 0 到 9 随机挑选一个整数
randrange ([start,] stop [,step])	从指定范围内，在按指定基数递增的集合中获取一个随机数，基数默认值为 1
random()	随机生成下一个实数，它在[0,1)范围内
seed([x])	改变随机数生成器的种子 seed。如果不了解其原理，则不必特别地去设定 seed，Python 会帮你选择 seed
shuffle(lst)	将序列的所有元素随机排序
uniform(x, y)	随机生成下一个实数，它在[x,y]范围内

2.13.4　三角函数

表 2.13 - 5 所列为 Python 中的三角函数。

表 2.13 - 5　三角函数

函　数	描　述
acos(x)	返回 x 的反余弦弧度值
asin(x)	返回 x 的反正弦弧度值
atan(x)	返回 x 的反正切弧度值
atan2(y, x)	返回给定的 x 及 y 坐标值的反正切值
cos(x)	返回 x 的弧度的余弦值
hypot(x, y)	返回欧几里得范数 sqrt(x * x + y * y)
sin(x)	返回 x 的弧度的正弦值
tan(x)	返回 x 的弧度的正切值
degrees(x)	将弧度转换为角度,如 degrees(math.pi/2),返回 90.0
radians(x)	将角度转换为弧度

2.13.5　数学常量

表 2.13 - 6 所列为 Python 中常用的数学常量。

表 2.13 - 6　数学常量

常　量	描　述
pi	数学常量 pi(圆周率,一般以 π 来表示)
e	数学常量 e,e 为自然常数

2.14　字符串

字符串是 Python 中最常用的数据类型,我们可以使用引号来创建字符串。创建字符串很简单,只要为变量分配一个值即可,例如:

```
var1 = 'Hello World!'
var2 = "Python Programming"
```

2.14.1　访问字符串中的值

Python 中不支持单字符类型,单字符在 Python 中是作为一个字符串来使用的。在 Python 中访问字符串时,可以使用方括号来截取字符串,如例 2.14 - 1 所示。

例 2.14 - 1　访问字符串示例

```
#!/usr/bin/python
```

```
var1 = 'Hello World! '
var2 = "Python Programming"

print "var1[0]: ", var1[0]
print "var2[1:5]: ", var2[1:5]
```

输出结果如下：

```
var1[0]:  H
var2[1:5]:  ytho
```

2.14.2　字符串更新

可以对已存在的字符串进行修改，并将其赋值给另一个变量，如例 2.14 - 2 所示。

例 2.14 - 2　Python 字符串更新示例

```
#!/usr/bin/python

var1 = 'Hello World! '

print "Updated String :- ", var1[:6] + 'Python'
```

输出结果如下：

```
Updated String :-  Hello Python
```

2.14.3　转义字符

在 Python 中，当需要在字符中使用特殊字符时，需用反斜杠（\）转义字符，如表 2.14 - 1 所列。

表 2.14 - 1　转义字符

转义字符	描　述	转义字符	描　述
\（在行尾时）	续行符	\v	纵向制表符
\\	反斜杠符号	\t	横向制表符
\'	单引号	\r	回车
\"	双引号	\f	换页
\a	响铃	\oyy	八进制数，yy 代表字符，例如：\o12 代表换行
\b	退格（backspace）		
\e	转义	\xyy	十六进制数，yy 代表字符，例如：\x0a 代表换行
\000	空		
\n	换行	\other	其他字符以普通格式输出

2.14.4　字符串运算符

表 2.14 - 2 所列为 Python 中常用字符串运算符，其中实例变量 a 值为字符串"Hello"，变量 b 值为字符串"Python"。

表 2.14 - 2　字符串运算符

运算符	描　　述	实　　例
+	字符串连接	"a＋b"的输出结果：HelloPython
*	重复输出字符串	"a * 2"的输出结果：HelloHello
[]	通过索引获取字符串中的字符	a[1]的输出结果：e
[:]	截取字符串中的一部分	a[1:4]的输出结果：ell
in	成员运算符。如果字符串中包含给定的字符的则返回 True	"H in a"的输出结果：True
not in	成员运算符。如果字符串中不包含给定的字符的则返回 True	"M not in a"的输出结果：True
r/R	原始字符串。所有的字符串都直接按照字面的意思来使用，没有转义特殊或不能打印的字符。原始字符串除在字符串的第一个引号前加上字母 r(可以是大写，也可以是小写)以外，与普通字符串有着几乎完全相同的语法	"print r'\ n'prints \ n" 和 "print R'\ n'prints \n"
%	格式字符串	""%s" % value"表示将 value 的字符串插入到%s 的位置

2.14.5　字符串格式化

Python 支持格式化字符串的输出，尽管这样可能会用到非常复杂的表达式，但最基本的用法是将一个值插入到一个有字符串格式符%s 的字符串中。在 Python 中，字符串格式化的使用规则与 C 中 sprintf 函数的语法相同，如例 2.14 - 3 所列。

例 2.14 - 3　字符串格式化示例

```
#!/usr/bin/python

print "My name is %s and weight is %d kg!" % ('Zara', 21)
```

输出结果如下：

```
My name is Zara and weight is 21 kg!
```

表 2.14 - 3 所列为 Python 中常用字符串格式化符号。

表 2.14 - 3　字符串格式化符号

符　号	描　　述
%c	格式化字符及其 ASCII 码
%s	格式化字符串
%d	格式化整数
%u	格式化无符号整数
%o	格式化无符号八进制数
%x	格式化无符号十六进制数
%X	格式化无符号十六进制数(大写)
%f	格式化浮点数，可指定小数点后的精度
%e	用科学记数法格式化浮点数

续表 2.14-3

符　号	描　述
%E	作用同%e,用科学记数法格式化浮点数
%g	%f 和%e 的简写
%G	%f 和%E 的简写
%p	用十六进制数格式化变量的地址

表 2.14-4 所列为 Python 中常用格式化操作符辅助指令。

表 2.14-4　格式化操作符辅助指令

符　号	功　能
*	定义宽度或者小数点精度
—	用于对齐
+	在正数前面显示加号(+)
<sp>	在正数前面显示空格
#	在八进制数前面显示零(0),在十六进制当前面显示 0x 或者 0X(取决于用的是 x 还是 X)
0	在显示的数字前面填充 0 而不是默认的空格
%	"'%%'"输出一个单一的%
(var)	映射变量(字典参数)
m.n.	m 是显示的最小总宽度,n 是小数点后的位数(如果可用的话)

2.15　模　块

Python 模块可以使我们能够更有逻辑地组织代码段。把相关的代码分配到一个模块中可以让代码更易懂,可读性更强。模块也是 Python 对象,具有随机的名字属性,用来绑定或引用。简单地说,模块就是一个保存了 Python 代码的文件。模块能定义函数、类和变量。模块里也能包含可执行的代码。

2.15.1　import 语句

要想使用 Python 源文件,只需在另一个源文件里执行 import 语句,语法如下:

```
import module1[, module2[,... moduleN]
```

当解释器遇到 import 语句时,模块如果在当前的搜索路径中,则会被导入。其中搜索路径是一系列目录,解释器会按照这个列表的顺序依次搜索,直到找到匹配的模块。如果要导入模块 hello.py,则需要把命令放在脚本的顶端,如例 2.15-1 所示。

例 2.15-1　import 语句示例

```
# coding = utf - 8
# !/usr/bin/python
```

```
# 导入模块
import support

# 现在可以调用模块里包含的函数了
support.print_func("Zara")
```

输出结果如下：

```
Hello : Zara
```

注：不管执行了多少次 import 语句，一个模块只会导入一次，这样可以防止导入模块被一遍又一遍地执行。

2.15.2　from…import 语句

Python 的 from 语句是从模块中导入一个指定的部分到当前命名空间中。语法格式如下：

```
from modname import name1[, name2[, ... nameN]]
```

例如，要导入模块 fib 的 fibonacci 函数，使用如下语句：

```
from fib import fibonacci
```

上述声明不会把整个 fib 模块导入到当前的命名空间中，它只会将 fib 里的 fibonacci 单个引入到执行这个声明的模块的全局符号表中。把一个模块的所有内容全都导入到当前的命名空间中也是可行的，只需使用如下声明：

```
from modname import *
```

这里提供了一个简单的方法来导入一个模块中的所有项目，然而这种声明不该被过多地使用。

2.15.3　定位模块

当导入一个模块时，Python 解析器对模块位置的搜索顺序如下：
① 搜索当前目录。
② 如果不在当前目录，则会搜索 shell 变量 PYTHONPATH 下的每个目录。
③ 如果都找不到，则会查看默认路径。Unix 系统下，默认路径一般为/usr/local/lib/python/。模块搜索路径存储在 system 模块的 sys.path 变量中。变量里包含当前目录、PYTHONPATH 以及由安装过程决定的默认目录。

2.16　命名空间和作用域

在 Python 中，变量是拥有匹配对象的名字（标识符），命名空间是一个包含了变量名称（键）及其各自相应的对象（值）的字典。一个 Python 表达式可以访问局部命名空间和全局命名空间里的变量。如果一个局部变量和一个全局变量重名，则局部变量会覆盖全局变量。此外，每个函数都有自己的命名空间。类的方法的作用域规则与通常函数的相同。Python 会智能地猜测一个变量是局部的还是全局的，它假设任何在函数内赋值的变量都是局部的。

因此，如果要给全局变量在一个函数里赋值，则必须使用 global 语句。如"global VarName"表达式会告诉 Python，VarName 是一个全局变量，这样 Python 就不会在局部命名空间里寻找这个变量了。

例如,若在全局命名空间里定义一个变量 money,再在函数内给变量 money 赋值,Python 就会假定 money 是一个局部变量。然而,我们并没有在访问前声明一个局部变量 money,因此结果就会出现一个 UnboundLocalError 错误,此时取消 global 语句的注释就能解决该问题。命名空间和作用域的用法如例 2.16 – 1 所示。

例 2.16 – 1　命名空间和作用域示例

```
# coding = utf - 8
#!/usr/bin/python

Money = 2000
def AddMoney():
   # 想改正代码就取消以下注释
   # global Money
   Money = Money + 1

print Money
AddMoney()
print Money
```

2.17　文件 I/O

2.17.1　打印到屏幕

在 Python 中,最简单的输出方法是用 print 语句,可以给它传递零个或多个用逗号隔开的表达式。此函数把传递的表达式转换成一个字符串表达式,并将结果写到标准输出设备上,如例 2.17 – 1 所示。

例 2.17 – 1　print 语句示例

```
#!/usr/bin/python

print "Python is really a great language,", "isn't it?";
```

此时,标准屏幕上会显示以下结果:

```
Python is really a great language, isn't it?
```

2.17.2　读取键盘输入

Python 提供了两个内置函数用于从标准输入读取一行文本,默认的标准输入是键盘。两个内置函数分别为 raw_input(和 input)。

1. raw_input()函数

raw_input()函数从标准输入读取一行,并返回一个字符串(去掉结尾的换行符),用法如例 2.17 – 2 所示。

例 2.17 – 2　raw_input()函数示例

```
#!/usr/bin/python
```

```
str = raw_input("Enter your input: ");
print "Received input is : ", str
```

这将提示我们输入任意字符串,然后在屏幕上显示相同的字符串。当输入"Hello Python"时,输出如下:

```
Enter your input: Hello Python
Received input is :  Hello Python
```

2. input( )函数

input()函数和 raw_input()函数基本可以互换,但是 input()函数会假设输入是一个有效的 Python 表达式,并返回运算结果,用法如例 2.17-3 所示。

例 2.17-3　input( )函数示例

```
#!/usr/bin/python

str = input("Enter your input: ");
print "Received input is : ", str
```

这会产生如下对应着输入的结果:

```
Enter your input: [x * 5 for x in range(2,10,2)]
Recieved input is :  [10, 20, 30, 40]
```

2.17.3　打开和关闭文件

到现在为止,我们已经可以对标准输入和输出进行读/写操作了。Python 提供了必要的函数和方法进行默认情况下的文件基本操作,可以用 file 对象进行大部分的文件操作。

1. open( )函数

必须先用 Python 内置的 open()函数打开一个文件,创建一个 file 对象,然后用相关的辅助方法才可以调用它进行读/写,其语法如下:

```
file object = open(file_name [, access_mode][, buffering])
```

各个参数的细节如下:

① file_name:一个包含了要访问的文件名称的字符串值。

② access_mode:决定打开文件的模式,即只读、写入、追加等。所有可取值见表 2.17-1。该参数是非强制的,默认文件访问模式为只读。

③ buffering:如果其值取 0,则不会有寄存;如果其值取 1,则表示行缓冲,这是默认的缓冲方式,在这种模式下,Python 会缓冲输出,直至遇到换行符(\n),或者缓冲区满才会将缓冲区的内容写入文件。对于输入操作,它通常意味着每次都从系统读取一行数据。如果将 buffering 设为大于 1 的整数,则表明该值就是寄存区的缓冲大小;如果 buffering 取负值,则寄存区的缓冲大小为系统默认值。

表 2.17-1　不同模式下打开文件的方式

模　式	描　　述
r	打开一个文件只用于读取,文件的指针将会放在文件的开头。这是默认模式
rb	以二进制格式打开一个文件只用于读取,文件指针将会放在文件的开头。这是默认模式

模　式	描　述
r+	打开一个文件用于读/写,文件指针将会放在文件的开头
rb+	以二进制格式打开一个文件用于读/写,文件指针将会放在文件的开头
w	打开一个文件只用于写入。如果该文件已存在,则将其覆盖;如果该文件不存在,则创建新文件
wb	以二进制格式打开一个文件只用于写入。如果该文件已存在,则将其覆盖;如果该文件不存在,则创建新文件
w+	打开一个文件用于读/写。如果该文件已存在,则将其覆盖;如果该文件不存在,则创建新文件
wb+	以二进制格式打开一个文件用于读/写。如果该文件已存在,则将其覆盖;如果该文件不存在,则创建新文件
a	打开一个文件用于追加。如果该文件已存在,则文件指针将会放在文件的结尾。也就是说,新的内容将会被写到已有内容之后。如果该文件不存在,则创建新文件进行写入操作
ab	以二进制格式打开一个文件用于追加。如果该文件已存在,则文件指针将会放在文件的结尾。也就是说,新的内容将会被写到已有内容之后。如果该文件不存在,则创建新文件进行写入操作
a+	打开一个文件用于读/写。如果该文件已存在,则文件指针将会放在文件的结尾,文件打开时会是追加模式;如果该文件不存在,则创建新文件用于读/写
ab+	以二进制格式打开一个文件用于追加。如果该文件已存在,则文件指针将会放在文件的结尾,允许读取现有内容并追加新数据;如果该文件不存在,则创建新文件用于读/写操作

当一个文件被打开后,将会创建一个 file 对象,我们可以得到有关该文件的各种信息。与 file 对象相关的所有属性如表 2.17 - 2 所列。

表 2.17 - 2　file 对象相关的所有属性

属　性	描　述
file. closed	如果文件已被关闭,则返回 True;否则,返回 False
file. mode	返回被打开文件的访问模式
file. name	返回文件的名称
file. softspace	如果用 print 输出后必须跟一个空格符,则返回 False;否则,返回 True

2. close( )函数

file 对象的 close( )函数可刷新缓冲区里任何还没写入的信息,并关闭该文件,之后便不能再进行写入操作了。当一个文件对象的引用被重新指定给另一个文件时,Python 会关闭之前的文件。用 close( )函数关闭文件是一个很好的习惯。其语法如下:

```
fileObject.close();
```

close( )函数的用法如例 2.17 - 4 所示。

例 2.17 - 4　close( )函数示例

```
#coding = utf - 8
#!/usr/bin/python

# 打开一个文件
fo = open("foo.txt", "wb")
print "Name of the file: ", fo.name
```

```
# 关闭打开的文件
fo.close()
```

输出结果如下：

```
Name of the file： foo.txt
```

2.17.4　读取和写入文件

file 对象提供了一系列方法，能让文件访问更轻松。下面将介绍如何使用 read() 和 write() 方法来读取和写入文件。

1. write() 函数

write() 函数可以将任何字符串写入一个打开的文件。需要注意的是，Python 字符串可以是二进制数据，而不仅仅是文字，且 write() 函数不在字符串的结尾添加换行符（'\n'）。其语法如下：

```
fileObject.write(string);
```

在这里，被传递的参数是要写入已打开文件的内容。write() 函数的用法如例 2.17-5 所示。

例 2.17-5　write() 函数示例

```
# coding = utf - 8
# !/usr/bin/python

# 打开一个文件
fo = open("/tmp/foo.txt", "wb")
fo.write( "Python is a great language.\nYeah its great!! \n");

# 关闭打开的文件
fo.close()
```

上述方法会创建 foo.txt 文件，并将收到的内容写入该文件，最终关闭文件。如果打开该文件，将看到以下内容：

```
Python is a great language.
Yeah its great!!
```

2. read() 函数

read() 函数是从一个打开的文件中读取一个字符串。需要注意的是，Python 字符串可以是二进制数据，而不仅仅是文字。其语法如下：

```
fileObject.read([count]);
```

在这里，被传递的参数是要从已打开文件中读取的字节计数。该函数从文件的开头开始读取，如果没有传入 count，它就会尝试尽可能多地读取内容，很可能是直到文件的末尾。这里利用上面创建的文件 foo.txt 来展示 read() 函数的使用方法，如例 2.17-6 所示。

例 2.17-6　read() 函数示例

```
# coding = utf - 8
# !/usr/bin/python

# 打开一个文件
```

```
fo = open("/tmp/foo.txt", "r + ")
str = fo.read(10);
print "Read String is : ", str
# 关闭打开的文件
fo.close()
```

输出结果如下：

```
Read String is ： Python is
```

在 Python 中,利用 tell()函数可知文件内的当前位置,换句话说,利用 tell()函数可知下一次的读/写会发生在文件开头多少字节之后;而 seek(offset [,from])方法可改变当前文件的位置,其中 offset 变量表示要移动的字节数,from 变量指定开始移动字节的参考位置。如果 from 设为 0,则意味着将文件的开头作为移动字节的参考位置;如果 from 设为 1,则使用当前的位置作为参考位置;如果 from 设为 2,则该文件的末尾将作为参考位置。这里利用上面创建的文件 foo.txt 来展示如何打开与关闭文件,如例 2.17-7 所示。

例 2.17-7 打开与关闭文件示例

```
# coding = utf - 8
#!/usr/bin/python

# 打开一个文件
fo = open("/tmp/foo.txt", "r + ")
str = fo.read(10);
print "Read String is : ", str

# 查找当前位置
position = fo.tell();
print "Current file position : ", position

# 把指针再次重新定位到文件开头
position = fo.seek(0, 0);
str = fo.read(10);
print "Again read String is : ", str
# 关闭打开的文件
fo.close()
```

输出结果如下：

```
Read String is ： Python is
Current file position ： 10
Again read String is ： Python is
```

2.17.5 Python 的目录

通常情况下,文件均包含在各个不同的目录下,Python 中的 os 模块能帮助我们创建、删除和更改目录。

1. mkdir()方法

可以使用 os 模块的 mkdir()方法在当前目录下创建新的目录,此时需要给 mkdir()提供一个包含要创建的目录名称的参数。其语法如下：

```
os.mkdir("newdir")
```

例 2.17-8 将在当前目录下创建一个新目录 test。

例 2.17 - 8　mkdir( )方法示例

```
# coding = utf - 8
# !/usr/bin/python
import os

# 创建目录 test
os.mkdir("test")
```

2. chdir( )方法

Python 中的 chdir( )方法可以改变当前的目录。输入的参数是设成当前目录的目录名称。其语法如下：

```
os.chdir("newdir")
```

chdir( )方法的使用如例 2.17 - 9 所示。

例 2.17 - 9　chdir( )方法示例

```
# coding = utf - 8
# !/usr/bin/python
import os

# 将当前目录改为"/home/newdir"
os.chdir("/home/newdir")
```

3. getcwd( )方法

getcwd( )方法用来显示当前的工作目录。其语法如下：

```
os.getcwd()
```

getcwd( )方法的使用如例 2.17 - 10 所示。

例 2.17 - 10　getcwd( )方法示例

```
# coding = utf - 8
# !/usr/bin/python
import os

# 给出当前的目录
os.getcwd()
```

4. rmdir( )方法

rmdir( )方法用于删除目录,其参数是待删除目录的路径,而在删除目录之前,该目录中的所有内容应该先被清除。rmdir( )方法的语法如下：

```
os.rmdir('dirname')
```

例 2.17 - 11 所示是删除"/tmp/test"目录,必须给出目录的完整路径名称,否则会在当前目录下搜索该目录。

例 2.17 - 11　rmdir( )方法示例

```
# coding = utf - 8
# !/usr/bin/python
import os

# 删除"/tmp/test"目录
os.rmdir( "/tmp/test"  )
```

第3章

Python 面向对象实践

本章主要是介绍面向对象程序设计方法在 Python 中的应用,类和对象的基本属性与操作(创建、销毁、继承等),以及面向对象的另一个重要特征——重载(包括基础重载和运算符重载),最后对正则表达式进行简要介绍。本章基本知识结构如图 3.1 所示。

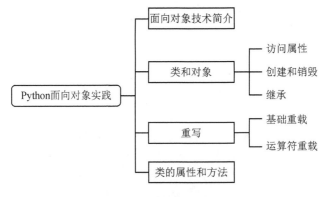

图 3.1　本章基本知识结构

3.1　面向对象技术简介

Python 从设计之初就是一门面向对象的语言,因此在 Python 中创建类和对象是很容易的。本章将详细介绍 Python 面向对象编程。如果以前没有接触过面向对象的编程语言,那么可能需要先了解一些面向对象语言的基本特征,以形成基本的面向对象的概念,这样有助于更容易地学习 Python 面向对象编程。下面先简单地介绍一下面向对象的基本特征。

① 类(class):用来描述具有相同属性和方法的对象的集合。它定义了该集合中每个对象所共有的属性和方法,对象是类的实例。

② 类变量:在整个实例化的对象中是公用的。类变量定义在类中且在函数体之外。类变量通常不作为实例变量使用。

③ 数据成员:类变量或者实例变量用于处理类及其实例对象的相关数据。

④ 方法重载:如果从父类继承的方法不能满足子类的需求,则可以对其进行改写,这个过

程叫作方法重载(overload),也称为方法覆盖(override)。

⑤ 实例变量:定义在方法中的变量,只作用于当前实例的类。

⑥ 继承:一个派生类(derived class)继承基类(base class)的字段和方法。继承也允许把一个派生类的对象作为一个基类对象对待。

⑦ 方法:类中定义的函数。

⑧ 对象:通过类定义的数据结构实例。对象包含类的数据属性和行为(即方法)。对象的数据成员通常分为类变量(也称为静态变量)和实例变量(也称为非静态变量)。

3.2　创建类

Python 中可以使用 class 语句来创建一个新类,class 语句之后为类的名称并以冒号结尾,例如:

```
class ClassName:
    '类的帮助信息'        #类文档字符串
    class_suite          #类体
```

类的帮助信息可以通过 ClassName.__doc__ 查看。class_suite 是由类成员、方法及数据属性组成的。一个简单的 Python 创建类如例 3.2 - 1 所示。

例 3.2 - 1　Python 创建类示例

```
#coding = utf - 8
class Employee:
    '所有员工的基类'
    empCount = 0

    def __init__(self, name, salary):
        self.name = name
        self.salary = salary
        Employee.empCount += 1

    def displayCount(self):
        print "Total Employee % d" % Employee.empCount

    def displayEmployee(self):
        print "Name : ", self.name,  ", Salary: ", self.salary
```

注意:① empCount 变量是一个类变量,它的值将在这个类的所有实例之间共享。可以在内部类或外部类中使用 Employee.empCount 访问该变量。

② __init__()方法是 Python 类中的一个特殊方法,它被称为构造函数或初始化方法。当创建类的实例时,Python 会自动调用该方法,以便执行实例的初始化操作。

3.3　创建实例对象

要创建一个类的实例,可以使用类的名称,并通过__init__()方法接收参数,如例 3.3 - 1 所示。

例 3.3 - 1　创建实例对象示例

```
"创建 Employee 类的第一个对象"
emp1 = Employee("Zara", 2000)
"创建 Employee 类的第二个对象"
emp2 = Employee("Manni", 5000)
```

3.3.1　访问属性

在 Python 中,可以使用点(.)来访问对象的属性。例如,使用如下类的名称访问类变量:

```
emp1.displayEmployee()
emp2.displayEmployee()
print "Total Employee % d" % Employee.empCount
```

在此给出完整的实例,如例 3.3 - 2 所示。

例 3.3 - 2　访问属性示例

```
# coding = utf - 8
#!/usr/bin/python

class Employee:
    '所有员工的基类'
    empCount = 0

    def __init__(self, name, salary):
        self.name = name
        self.salary = salary
        Employee.empCount += 1

    def displayCount(self):
        print "Total Employee % d" % Employee.empCount

    def displayEmployee(self):
        print "Name : ", self.name, ", Salary: ", self.salary

"创建 Employee 类的第一个对象"
emp1 = Employee("Zara", 2000)
"创建 Employee 类的第二个对象"
emp2 = Employee("Manni", 5000)
emp1.displayEmployee()
emp2.displayEmployee()
print "Total Employee % d" % Employee.empCount
```

输出结果如下:

```
Name : Zara ,Salary: 2000
Name : Manni ,Salary: 5000
Total Employee 2
```

可以添加、删除、修改类的属性,代码如下:

```
emp1.age = 7    # 添加一个 age 属性
emp1.age = 8    # 修改 age 属性
del emp1.age    # 删除 age 属性
```

可以使用以下函数的方式来访问属性:

① hasattr(obj,name):检查是否存在一个属性。

② getattr(obj, name[, default]):访问对象的属性。

③ setattr(obj,name,value):设置一个属性。如果属性不存在,则会创建一个新属性。

④ delattr(obj, name):删除属性。

语法如下:

```
hasattr(emp1, 'age')        # 如果存在 age 属性,则返回 True
getattr(emp1, 'age')        # 返回 age 属性的值
setattr(emp1, 'age', 8)     # 添加属性 age 值为 8
delattr(empl, 'age')        # 删除属性 age
```

3.3.2　内置类属性

Python 的类内置了一些通用的属性和方法,以便于操作和对类的管理。常见属性如下:

① __dict__:类的属性(包含一个字典,由类的数据属性组成)。

② __doc__:类的文档字符串。

③ __name__:类名。

④ __module__:类定义所在的模块(类的全名是__main__. className,如果类位于一个导入模块 mymod 中,那么 className__module__ 等于 mymod)。

⑤ __bases__:类的所有父类构成元素(包含一个由所有父类组成的元组)。

Python 内置类属性调用如例 3.3-3 所示。

例 3.3-3　内置类属性调用示例

```
#coding = utf - 8
#!/usr/bin/python

class Employee:
    '所有员工的基类'
    empCount = 0

    def __init__(self, name, salary):
        self.name = name
        self.salary = salary
        Employee.empCount += 1

    def displayCount(self):
        print "Total Employee % d" % Employee.empCount

    def displayEmployee(self):
        print "Name :", self.name, ", Salary:", self.salary

print "Employee.__doc__:", Employee.__doc__
print "Employee.__name__:", Employee.__name__
print "Employee.__module__:", Employee.__module__
print "Employee.__bases__:", Employee.__bases__
print "Employee.__dict__:", Employee.__dict__
```

输出结果如下：

```
Employee.__doc__: Common base class for all employees
Employee.__name__: Employee
Employee.__module__: __main__
Employee.__bases__: ()
Employee.__dict__: {'__module__': '__main__', 'displayCount':
<function displayCount at 0xb7c84994>, 'empCount': 2,
'displayEmployee': <function displayEmployee at 0xb7c8441c>,
'__doc__': 'Common base class for all employees',
'__init__': <function __init__ at 0xb7c846bc>}
```

3.3.3 对象销毁(垃圾回收)

　　像 Java 一样，Python 也采用了引用计数这一技术来追踪内存中对象的引用次数。Python 内部有一个记录系统，它监测着所有正在使用的对象，并记录每个对象的引用计数，其中一个内部跟踪变量被称为引用计数器。创建对象时就创建了对应的引用计数。当该对象不再需要时，其引用计数变为 0，同时被垃圾回收。但是，回收不是"立即"生效的，要由解释器在适当的时机，将垃圾对象占用的内存空间完成回收，语法如下：

```
a = 40          # 创建对象 <40>
b = a           # 增加引用 <40> 的计数
c = [b]         # 增加引用 <40> 的计数

del a           # 减少引用 <40> 的计数
b = 100         # 减少引用 <40> 的计数
c[0] = -1       # 减少引用 <40> 的计数
```

　　垃圾回收机制不仅处理引用计数为 0 的对象，还处理循环引用的情况。循环引用是指两个对象相互引用，但没有其他变量引用它们。在这种情况下，仅使用引用计数是不够的。Python 的垃圾收集器实际上是由一个引用计数器和一个循环垃圾收集器组成的。作为引用计数的补充，垃圾收集器会留心被分配的总量很大(以及未通过引用计数销毁的)的对象。此时解释器会暂停，并试图清理所有未被引用的循环。

　　在此介绍析构函数__del__()。在对象消失时调用该函数，当不再使用对象时，就如例 3.3 - 4 所示运行__del__()方法。

例 3.3 - 4　对象销毁示例

```
# coding = utf - 8
#!/usr/bin/python

class Point:
   def __init( self, x = 0, y = 0):
      self.x = x
      self.y = y
   def __del__(self):
      class_name = self.__class__.__name__
      print class_name, "destroyed"

pt1 = Point()
pt2 = pt1
```

```
pt3 = pt1
print id(pt1), id(pt2), id(pt3) # 打印对象的 id
del pt1
del pt2
del pt3
```

以上实例运行结果如下：

```
3083401324 3083401324 3083401324
Point destroyed
```

注意：通常需要在单独的文件中定义一个类。

3.4　类的继承

面向对象的编程带来的主要好处之一是代码的重用，实现这种重用的方法之一就是继承机制。继承可以理解为类之间的类型和子类型的关系。Python 中继承的特点有：

① 在继承中基类的构造（__init__()方法）不会被自动调用，它需要在其派生类的构造中专门调用；

② 在调用基类的方法时，需要加上基类的类名前缀，且需要带上 self 参数，而在类中调用普通函数时并不需要带上 self 参数；

③ Python 总是先查找对应类型的方法，如果不能在派生类中找到对应的方法，则到基类中逐个查找。（先在本类中查找调用的方法，如果找不到再去基类中查找。）

如果在继承元组中列了一个以上的类，它就被称作"多重继承"。派生类的声明类似其父类，继承的基类列表跟在类名之后，代码如下：

```
class SubClassName (ParentClass1[, ParentClass2, ...]):
    'Optional class documentation string'
    class_suite
```

类的继承如例 3.4 - 1 所示。

例 3.4 - 1　类的继承示例

```
# coding = utf - 8
# !/usr/bin/python

class Parent:                 # 定义父类
    parentAttr = 100
    def __init__(self):
        print "调用父类构造函数"

    def parentMethod(self):
        print '调用父类方法'

    def setAttr(self, attr):
        Parent.parentAttr = attr

    def getAttr(self):
        print "父类属性 :", Parent.parentAttr
```

```
class Child(Parent):              # 定义子类
    def __init__(self):
        print "调用子类构造方法"

    def childMethod(self):
        print '调用子类方法 child method'

c = Child()                       # 实例化子类
c.childMethod()                   # 调用子类的方法
c.parentMethod()                  # 调用父类方法
c.setAttr(200)                    # 再次调用父类的方法
c.getAttr()                       # 再次调用父类的方法
```

以上代码执行结果如下：

```
调用子类构造方法
调用子类方法  child method
调用父类方法
父类属性 : 200
```

可以继承多个类，例如：

```
class A：              # 定义类 A
.....

class B：              # 定义类 B
.....

class C(A, B)：        # 继承类 A 和 B
.....
```

此外可以使用 issubclass()或者 isinstance()方法来检测，规则如下：

① issubclass()：布尔函数，判断一个类是否是另一个类的子类或者子孙类，语法如下：

```
issubclass(sub,sup);
```

② isinstance(obj, Class)：布尔函数，如果 obj 是 Class 类的实例对象或者是一个 Class 子类的实例对象，则返回 True。

3.5 方法重写

编程时，如果父类方法的功能无法满足需求，则可以在子类中重写父类的方法。对于父类中的方法，如果它不符合子类模拟的实物行为，则可以对其进行重写。为此，可以在子类中定义与要重写的父类同名的方法。这样，Python 将不会考虑父类方法，而只关注在子类中定义的相应方法，如例 3.5-1 所示。

例 3.5-1 子类方法重写示例

```
#coding = utf - 8
#!/usr/bin/python

class Parent：              # 定义父类
    def myMethod(self):
```

```
        print '调用父类方法'

class Child(Parent):          # 定义子类
    def myMethod(self):
        print '调用子类方法'

c = Child()                   # 子类实例
c.myMethod()                  # 子类调用重写方法
```

输出结果如下：

```
调用子类方法
```

3.5.1 基础重载

表 3.5－1 列出了一些 Python 中的基础重载方法，我们可以在自己的类中完成重写。

表 3.5－1 基础重载方法

序 号	方法、描述及简单调用
1	__init__（self [,args...]）：构造函数。 简单的调用方法：obj = className(args)
2	__del__（self）：析构方法，用于删除对象。 简单的调用方法：dell obj
3	__repr__（self）：转化为供解释器读取的形式。 简单的调用方法：repr(obj)
4	__str__（self）：用于将值转化为适于人阅读的形式。 简单的调用方法：str(obj)
5	__cmp__（self, x）：对象比较。 简单的调用方法：cmp(obj, x)

3.5.2 运算符重载

Python 同样支持运算符重载，如例 3.5－2 所示。

例 3.5－2 运算符重载示例

```
#!/usr/bin/python

class Vector:
    def __init__(self, a, b):
        self.a = a
        self.b = b

    def __str__(self):
        return 'Vector (%d, %d)' % (self.a, self.b)

    def __add__(self,other):
        return Vector(self.a + other.a, self.b + other.b)
```

```
v1 = Vector(2,10)
v2 = Vector(5,-2)
print v1 + v2
```

以上代码执行结果如下:

```
Vector(7,8)
```

3.6 类的属性与方法

类属性就是给类对象定义的属性,用来记录与类相关的特征,通常不会用来记录具体对象的特征。在 Python 中,属性获取存在一个向上查找机制,即先在对象中查找对象属性,若没有查找到就向上查找,在类中查找属性。

1. 类的私有属性

在 Python 类中,当一个属性以两个下划线开头(例如 __private_attrs)时,表示该属性是受保护的。建议不要在类的外部直接访问该属性;在类的内部,可以通过 self.__private_attrs 来访问该属性。

2. 类的方法

在类的内部,使用 def 关键字可以为类定义一个方法。与一般函数的定义不同,类方法必须包含参数 self 且为第一个参数。

3. 类的私有方法

__private_method:由两个下划线开头,声明该方法为私有方法,不能在类的外部调用。在类的内部私有方法可以通过调用 slef.__private_methods 来实现。类的私有方法示例如例 3.6-1 所示。

例 3.6-1 类的私有方法示例

```
#coding = utf-8
#!/usr/bin/python

class JustCounter:
    __secretCount = 0          # 私有变量
    publicCount = 0            # 公开变量

    def count(self):
        self.__secretCount += 1
        self.publicCount += 1
        print self.__secretCount

counter = JustCounter()
counter.count()
counter.count()
print counter.publicCount
print counter.__secretCount          # 报错,实例不能访问私有变量
Traceback (most recent call last):
  File "test.py", line 17, in <module>
    print counter.__secretCount          # 报错,实例不能访问私有变量
AttributeError: JustCounter instance has no attribute '__secretCount'
```

Python 不允许实例化的类访问私有数据,但可以使用 object._className__attrName 访问属性,将如下代码替换以上代码的最后一行代码:

```
print counter._JustCounter__secretCount
```

执行以上代码后输出结果如下:

```
1
2
2
2
```

3.7　正则表达式

正则表达式是一个特殊的字符序列,它能帮助我们方便地检查一个字符串是否与某种模式匹配。Python 自 1.5 版本起就增加了 re 模块,它提供 Perl 风格的正则表达式模式,使 Python 语言拥有全部的正则表达式功能。此外,compile 函数根据一个模式字符串和可选的标志参数生成一个正则表达式对象,该对象拥有一系列方法用于正则表达式的匹配和替换。而 re 模块提供了与这些方法功能完全一致的函数,这些函数使用一个模式字符串作为它们的第一个参数。本节主要介绍 Python 中常用的正则表达式处理函数。

3.7.1　re.match()函数

re.match()函数尝试从字符串的开始匹配一个模式,其语法如下:

```
re.match(pattern, string, flags = 0)
```

re.match()函数的参数说明见表 3.7 - 1。

表 3.7 - 1　re.match()函数的参数说明

参　　数	描　　述
pattern	匹配的正则表达式
string	要匹配的字符串
flags	标志位,用于控制正则表达式的匹配方式,例如是否区分大小写、是否多行匹配等

若匹配成功,则 re.match()函数返回一个匹配的对象;否则返回 None。另外,可以使用 group()或 groups()匹配对象函数来获取匹配表达式,函数描述如表 3.7 - 2 所列,用法如例 3.7 - 1 所示。

表 3.7 - 2　匹配对象函数

函数名	描　　述
group()	匹配的整个表达式的字符串。可以一次输入多个组号,在这种情况下它将返回一个包含那些组所对应值的元组
groups()	返回一个包含所有小组字符串的元组

例 3.7 - 1　re. match( )函数示例

```
# !/usr/bin/python
import re

line = "Cats are smarter than dogs"

matchObj = re.match( r'(. *) are (. * ?). * ', line, re.M|re.I)

if matchObj:
    print "matchObj.group() : ", matchObj.group()
    print "matchObj.group(1) : ", matchObj.group(1)
    print "matchObj.group(2) : ", matchObj.group(2)
else:
    print "No match!!"
```

以上实例执行结果如下:

```
matchObj.group() :  Cats are smarter than dogs
matchObj.group(1) :  Cats
matchObj.group(2) :  smarter
```

3.7.2　re. search( )函数

re. search( )函数扫描整个字符串并返回第一个成功的匹配,其语法如下:

```
re.search(pattern, string, flags = 0)
```

re. search( )函数的参数说明如表 3.7 - 3 所列。

表 3.7 - 3　re. search( )函数的参数说明

参　数	描　述
pattern	匹配的正则表达式
string	要匹配的字符串
flags	标志位,用于控制正则表达式的匹配方式,例如是否区分大小写、是否多行匹配等

若匹配成功,则 re. search( )函数返回一个匹配的对象;否则,返回 None。re. search( )函数用法如例 3.7 - 2 所示。

例 3.7 - 2　re. search( )函数示例

```
# !/usr/bin/python
import re

line = "Cats are smarter than dogs";

matchObj = re.search( r'(. *) are (. * ?). * ', line, re.M|re.I)

if matchObj:
    print "matchObj.group() : ", matchObj.group()
    print "matchObj.group(1) : ", matchObj.group(1)
    print "matchObj.group(2) : ", matchObj.group(2)
else:
    print "No match!!"
```

以上实例运行后输出结果如下：

```
matchObj.group()：Cats are smarter than dogs
matchObj.group(1)：Cats
matchObj.group(2)：smarter
```

3.7.3　re.match()与re.search()的区别

将上述两个函数对比可知：re.match()函数只匹配字符串的开始，如果字符串开始不符合正则表达式，则匹配失败，返回 None；而 re.search()函数匹配整个字符串，直到找到一个匹配。re.match()函数与 re.search()函数的区别如例 3.7－3 所示。

例 3.7－3　re.match()函数与re.search()函数的区别示例

```
#!/usr/bin/python
import re

line = "Cats are smarter than dogs";

matchObj = re.match( r'dogs', line, re.M|re.I)
if matchObj:
    print "match -->matchObj.group()：", matchObj.group()
else:
    print "No match!!"

matchObj = re.search( r'dogs', line, re.M|re.I)
if matchObj:
    print "search -->matchObj.group()：", matchObj.group()
else:
    print "No match!!"
```

以上实例运行后输出结果如下：

```
No match!!
search -->matchObj.group()：dogs
```

3.7.4　检索和替换

在 Python 中，re 模块提供了 re.sub()，用于替换字符串中的匹配项，其语法如下：

```
re.sub(pattern, repl, string, max = 0)
```

返回的字符串的所有匹配项都被替换成 repl 指定的字符串或函数返回的值。如果没有发现匹配项，字符串将原样返回。可选参数 count 是模式匹配后替换的最大次数，且 count 必须是非负整数；默认值是 0，表示替换所有的匹配。检索和替换示例用法如例 3.7－4 所示。

例 3.7－4　检索和替换示例

```
#!/usr/bin/python
import re

phone = "2004 - 959 - 559 # This is Phone Number"

# Delete Python - style comments
```

```
num = re.sub(r'#.* $', "", phone)
print "Phone Num : ", num

# Remove anything other than digits
num = re.sub(r'\D', "", phone)
print "Phone Num : ", num
```

以上实例运行后输出结果如下：

```
Phone Num : 2004-959-559
Phone Num : 2004959559
```

3.7.5 正则表达式修饰符

正则表达式可以包含一些可选标志修饰符来控制匹配的模式。修饰符被指定为一个可选的标志,多个标志可以通过按位"或"(|)来指定,如 re.I|re.M 被设置成 I 和 M 标志。正则表达式修饰符见表 3.7 - 4。

表 3.7 - 4 正则表达式修饰符

修饰符	描 述
re.I	使匹配对大小写不敏感
re.L	做本地化识别(locale-aware)匹配
re.M	多行匹配,影响"^"和"$"
re.S	使"."匹配包括换行在内的所有字符
re.U	根据 Unicode 字符集解析字符。这个标志影响\w, \W, \b, \B
re.X	该标志通过给予更灵活的格式使正则表达式写得更易于理解

3.7.6 正则表达式模式

正则表达式通过模式字符串用特殊的语法来表示。具体规则如下：

① 字母和数字均表示其自身,在一个正则表达式模式中的字母和数字匹配同样的字符串。

② 多数字母和数字前加一个反斜杠会拥有不同的含义。

③ 标点符号只有被转义时才匹配自身,否则它们表示特殊的含义。

④ 反斜杠本身需要使用反斜杠转义。

⑤ 由于正则表达式通常都包含反斜杠,所以最好使用原始字符串来表示它们。

表 3.7 - 5 列出了正则表达式模式语法中的特殊元素。如果使用模式时还提供了可选的标志参数,则某些模式元素的含义将改变。

表 3.7 - 5 正则表达式模式语法中的特殊元素

模 式	描 述
^	匹配字符串的开头
$	匹配字符串的末尾

模　式	描　述
.	匹配任意字符,除了换行符以外。当 re.DOTALL 标记被指定时,可以匹配包括换行符的任意字符
[···]	用于创建字符集,匹配方括号内的任意一个字符
[^···]	匹配不在[]中的字符:[^abc]匹配除了 a、b 或 c 之外的字符
re *	匹配 0 个或多个表达式
re+	匹配 1 个或多个表达式
re?	匹配 0 个或 1 个由前面的正则表达式定义的片段,贪婪方式
re{n,}	精确匹配 n 个前面的表达式
re{n,m}	匹配 n 到 m 个由前面的正则表达式定义的片段,贪婪方式
a|b	匹配 a 或 b
(re)	匹配括号内的表达式,也表示一个组
(?imx)	正则表达式包含三种可选标志:i、m 或 x。只影响括号中的区域
(?-imx)	正则表达式关闭 i、m 或 x 可选标志。只影响括号中的区域
(?：re)	类似(···),但是不表示一个组
(?imx：re)	在括号中使用 i、m 或 x 可选标志
(?-imx：re)	在括号中不使用 i、m 或 x 可选标志
(?♯···)	注释
(? = re)	前向肯定界定符。如果所含正则表达式以···表示,则在当前位置成功匹配时意味着成功;否则,意味着失败。值得注意的是,即使前向肯定界定符中的表达式成功匹配,匹配引擎也不会在当前位置移动,而是继续在界定符的右侧尝试匹配模式的剩余部分
(?! re)	前向否定界定符。与前向肯定界定符相反,当所含表达式不能在字符串当前位置匹配时意味着成功
(? > re)	匹配的独立模式,省去回溯
\w	匹配字母数字
\W	匹配非字母数字
\s	匹配任意空白字符,等价于[\t\n\r\f]
\S	匹配任意非空字符
\d	匹配任意数字,等价于[0 - 9]
\D	匹配任意非数字
\A	匹配字符串开始
\Z	匹配字符串结束,如果存在换行,则只匹配到换行前的结束字符串
\z	匹配字符串结束
\G	匹配最后匹配完成的位置
\b	匹配一个单词边界,也就是指单词和空格间的位置。例如,er\b 可以匹配 never 中的 er,但不能匹配 verb 中的 er
\B	匹配非单词边界。例如,er\B 能匹配 verb 中的 er,但不能匹配 never 中的 er

模　式	描　述
\n, \t, 等	匹配一个换行符。例如,匹配一个制表符等
\1…\9	用于引用正则表达式中的第 *n* 个捕获组
\10	如果它是一个有效的捕获组编号,则匹配第 *n* 个分组的子表达式

3.7.7　正则表达式实例

表 3.7-6 和表 3.7-7 所列分别为正则表达式的字符类和特殊字符类的实例与描述。

表 3.7-6　字符类实例

实　例	描　述
[Pp]ython	匹配 Python 或 python
rub[ye]	匹配 ruby 或 rube
[aeiou]	匹配中括号内的任意一个字母
[0-9]	匹配任何数字,类似于[0123456789]
[a-z]	匹配任何小写字母
[A-Z]	匹配任何大写字母
[a-zA-Z0-9]	匹配任何字母及数字
[^aeiou]	匹配除了 aeiou 字母以外的所有字符
[^0-9]	匹配除了数字以外的字符

表 3.7-7　特殊字符类实例

实　例	描　述
.	匹配除\n之外的任何单个字符。若要匹配包括\n在内的任何字符,则使用[.\n]
\d	匹配一个数字字符,等价于[0-9]
\D	匹配一个非数字字符,等价于[^0-9]
\s	匹配任何空白字符,包括空格、制表符、换页符等,等价于[\f\n\r\t\v]
\S	匹配任何非空白字符,等价于[^\f\n\r\t\v]
\w	匹配包括下划线的任何单词字符,等价于[a-zA-Z0-9]
\W	匹配任何非单词字符,等价于[^A-Za-z0-9_]

第4章

Python 数据降维实验

本章主要介绍数据降维的基本原理及主要作用,并通过 Python 实例对数据降维中的经典方法进行具体介绍。本章知识结构图如图 4.1 所示。

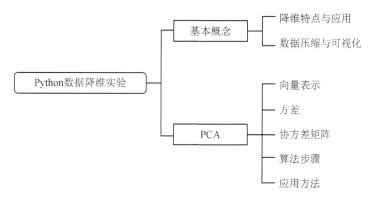

图 4.1　本章基本知识结构

4.1　数据降维原理

机器学习领域中所谓的降维就是指采用某种映射方法,将原高维度空间中的数据点映射到低维度的空间中。降维的本质是学习一个映射函数 $f:x > y$。其中 x 是原始数据点的表达形式,目前使用最多的是向量表达形式;y 是数据点映射后的低维向量表达形式,通常 y 的维度小于 x 的维度(当然提高维度也是可以的);f 可能是显式的或隐式的、线性的或非线性的。

数据降维的核心原则是在减少数据集中特征数量的同时,最大限度地保留关键信息。如果数据集包含过多的特征,尤其是如果这些特征中存在大量噪声,算法的性能可能会受影响,无法达到预期的效果。通过剔除那些信息量较低或冗余的特征,我们能够构建出更为简洁、高效的数据模型。这样的模型不仅在处理原始数据集时更加高效,而且在应用到新的数据集时,其泛化能力和适应性也更为出色。

4.2　数据降维作用

数据降维有如下作用：

① 降低时间复杂度和空间复杂度；

② 降低提取不必要特征的消耗；

③ 去掉数据集中夹杂着的噪声数据；

④ 较简单的模型在小数据集中有更强的鲁棒性；

⑤ 当数据可以用较少的特征准确表示时,我们更容易理解数据背后的模式和关系,从而更好地解释数据；

⑥ 实现数据可视化。

4.3　数据降维示例

现在假设有一组数据如图 4.2 所示,其中行代表样例,列代表特征。这里有 10 个样例,每个样例有两个特征。可以这样认为,若有 10 篇文档,x 是 10 篇文档中"learn"出现的 TF - IDF,y 是 10 篇文档中"study"出现的 IF - IDF。

第一步,先分别求 x 和 y 的平均值,然后对所有的样例都减去对应的均值。这里 x 的均值为 1.81,y 的均值为 1.91,那么第一个样例减去均值后为(0.69,0.49),以此类推得到的结果如图 4.3 所示。

Data =	x	y
	2.5	2.4
	0.5	0.7
	2.2	2.9
	1.9	2.2
	3.1	3.0
	2.3	2.7
	2	1.6
	1	1.1
	1.5	1.6
	1.1	0.9

图 4.2　输入样例

DataAdjust =	x	y
	0.69	0.49
	−1.31	−1.21
	0.39	0.99
	0.09	0.29
	1.29	1.09
	0.49	0.79
	0.19	−0.31
	−0.81	−0.81
	−0.31	−0.31
	−0.71	−1.01

图 4.3　调整后的数据

第二步,计算特征协方差矩阵。如果数据是三维的,那么协方差矩阵为

$$C = \begin{bmatrix} \mathrm{cov}(x,x) & \mathrm{cov}(x,y) & \mathrm{cov}(x,z) \\ \mathrm{cov}(y,x) & \mathrm{cov}(y,y) & \mathrm{cov}(y,z) \\ \mathrm{cov}(z,x) & \mathrm{cov}(z,y) & \mathrm{cov}(z,z) \end{bmatrix} \tag{4.1}$$

如果数据是二维的,即只有 x 和 y,求解得

$$C = \begin{bmatrix} 0.616\,555\,556 & 0.615\,444\,444 \\ 0.615\,444\,444 & 0.716\,555\,556 \end{bmatrix} \tag{4.2}$$

上式矩阵的对角线上分别是 x 和 y 的方差,非对角线上是 x 和 y 的协方差。协方差是衡量两个变量同时的变化程度。协方差大于 0 表示,若 x 和 y 其中一个增加,另一个也增加;协方差小于 0 表示,若 x 和 y 其中一个增加,则另一个减少。如果 x 和 y 是统计独立的,那么二者之间的协方差就是 0;但是,协方差是 0,并不能说明 x 和 y 是独立的。协方差绝对值越大,两者对彼此的影响越大,反之相互影响越小。协方差是无量纲的,因此,如果同样的两个变量所采用的量纲发生变化,则其协方差也会产生数值上的变化。

第三步,计算协方差矩阵的特征向量和特征值。选取特征向量:

$$\text{eigenvalues1} = 0.049\,083\,398\,9, \quad \text{eigenvalues2} = 1.284\,027\,71 \tag{4.3}$$

$$\mathbf{eigenvectors} = \begin{bmatrix} -0.735\,178\,656 & -0.677\,873\,399 \\ 0.677\,873\,399 & -0.735\,178\,656 \end{bmatrix} \tag{4.4}$$

式(4.3)所示为两个特征值,式(4.4)所示为对应的特征向量,即特征值 0.490 833 989 对应的特征向量是 $(-0.735\,178\,656,\ 0.677\,873\,399)^{\mathrm{T}}$。这里的特征向量是正交的、归一化的,即长度为 1。

第四步,将特征值按照从大到小的顺序排序,选择前 k 个,然后将其对应的 k 个特征向量分别作为列向量组成特征向量矩阵。

如果数据中有 n 维,计算出 n 个特征向量和特征值,选择前 k 个特征向量,则最终的数据集只有 k 维,将特征向量命名为 **FeatureVector**。

$$\mathbf{FeatureVector} = \begin{bmatrix} \text{eig}_1 & \text{eig}_2 & \cdots & \text{eig}_n \end{bmatrix} \tag{4.5}$$

式(4.3)中的特征值只有两个,选择其中最大的那个,即 1.284 027 71,对应的特征向量是 $(-0.677\,873\,399, -0.735\,178\,656)^{\mathrm{T}}$。

第五步,将样本点投影到选取的特征向量上,得到新的数据集。

假设样例数为 m,特征数为 n,减去均值后的样本矩阵为 $\mathbf{DataAdjust}(m \times n)$,协方差矩阵是 $n \times n$ 矩阵,选取的 k 个特征向量组成的矩阵为 $\mathbf{EigenVectors}(n \times k)$,那么投影后的数据 $\mathbf{FinalData}(m \times k)$ 为

$$\mathbf{FinalData}(m \times k) = \mathbf{DataAdjust}(m \times n) \times \mathbf{EigenVectors}(n \times k) \tag{4.6}$$

得到的结果如图 4.4 所示。

Transformed Data (Single rigenvector)
x
-0.827 970 186
1.777 580 33
-0.992 197 494
-0.274 210 416
-1.675 801 42
-0.912 949 103
0.991 094 375
1.144 572 16
0.438 046 137
1.223 820 56

图 4.4 结果数据

这样,原始样例的 n 维特征就变成了 k 维。代码如例 4.3-1 所示。

例 4.3 - 1　数据降维示例

```
# coding = utf - 8
from  numpy  import *

li = [[2.5,2.4],[0.5,0.7],[2.2,2.9],[1.9,2.2],[3.1,3.0],[2.3,2.7],[2.0,1.6],[1.0,1.1],[1.
5,1.6],[1.1,0.9]]
matrix = mat(li)
# 求均值
mean_matrix = mean(matrix,axis = 0)
# print(mean_matrix)    # [[1.81 1.91]]
# 减去平均值
Dataadjust = matrix - mean_matrix
# print(Dataadjust)
'''
[[ 0.69  0.49]
 [-1.31 -1.21]
 [ 0.39  0.99]
 [ 0.09  0.29]
 [ 1.29  1.09]
 [ 0.49  0.79]
 [ 0.19 -0.31]
 [-0.81 -0.81]
 [-0.31 -0.31]
 [-0.71 -1.01]]
'''
# 计算特征值和特征向量
covMatrix = cov(Dataadjust,rowvar = 0)
# print(covMatrix)
'''
[[0.61655556 0.61544444]
 [0.61544444 0.71655556]]
'''
eigValues , eigVectors = linalg.eig(covMatrix)
# print(eigValues)
# print(eigVectors)
'''
[0.0490834  1.28402771]

[[-0.73517866 -0.6778734 ]
 [ 0.6778734  -0.73517866]]'''
# 对特征值进行排序
eigValuesIndex = argsort(eigValues)
# print(eigValuesIndex)
# 保留前 k 个最大的特征值
eigValuesIndex = eigValuesIndex[:-(1000000):-1]
# print(eigValuesIndex)
# 计算出对应的特征向量
trueEigVectors = eigVectors[:,eigValuesIndex]
# print(trueEigVectors)
```

```
'''
[[ - 0.6778734   - 0.73517866]
 [ - 0.73517866   0.6778734 ]]
'''
# # 选择较大特征值对应的特征向量
maxvector_eigval = trueEigVectors[:,0]
# print(maxvector_eigval)
'''
[ - 0.6778734   - 0.73517866]

# # 执行 PCA 变换:Y = PX 得到的 Y 就是 PCA 降维后的值,X 是原始数据集矩阵
pca_result = maxvector_eigval * Dataadjust.T
# print(pca_result)
'''
[[ - 0.82797019   1.77758033  - 0.99219749  - 0.27421042  - 1.67580142  - 0.9129491
    0.09910944   1.14457216   0.43804614   1.22382056]]
'''
```

代码中的数据可认为是 learn 和 study 特征融合为一个新的特征,叫 LS 特征,该特征基本上代表了 learn 和 study 这两个特征,过程如图 4.5 所示。

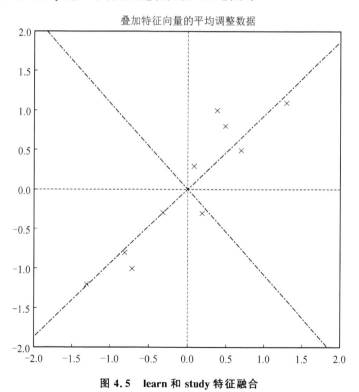

图 4.5　learn 和 study 特征融合

图 4.5 中"×"表示预处理后的样本点,两条斜线分别是正交的特征向量(由于协方差矩阵是对称的,因此其特征向量正交),例 4.3-1 中最后一行的矩阵乘法是将原始样本点分别往特征向量对应的轴上做投影,如图 4.6 所示,将经过最人特征值对应的特征向量转换回原始空间的 FinalData 数据集,这表明原始 DataAdjust 数据点是如何根据特征向量被投影到新的特征轴上的。通过这种方式,我们能够观察到数据在特征空间中的分布情况。

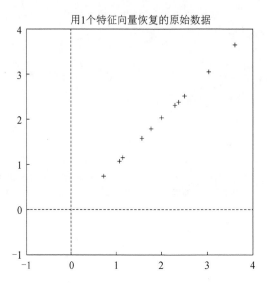

图 4.6　DataAdjust 样本点分别在特征向量对应的轴上做投影

如果取 $k=2$,那么结果如图 4.7 所示。

	x	y
	-0.8279701861	0.175115307
	1.77758033	0.142857227
	-0.992197494	0.384374989
	-0.274210416	0.130417207
Transformed Data =	-1.67580142	-0.20949846
	-0.912949103	0.175282444
	0.0991094375	-0.349824698
	1.14457216	0.0464172582
	0.438046137	0.0177646297
	1.22382056	-0.162675287

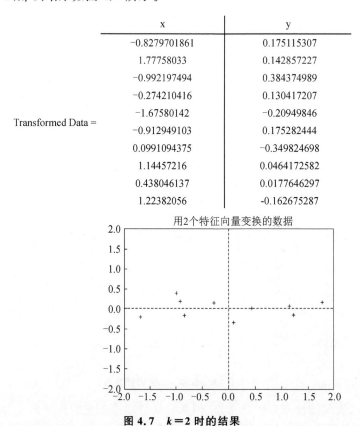

图 4.7　$k=2$ 时的结果

　　可见,使用所有特征向量得到的新的数据集,在转化回去时,与原来的数据集完全一样(只是坐标轴旋转了)。由 Python 实现的主成分分析(Principal Component Analysis,PCA)代码如例 4.3-2 所示。

例 4.3 - 2   主成分分析示例

```
from numpy import *

def loadDataSet(fileName, delim = '\t'):
fr = open(fileName)
stringArr = [line.strip().split(delim) for line in fr.readlines()]
datArr = [map(float,line) for line in stringArr]
return mat(datArr)


def pca(dataMat, topNfeat = 999999):
meanVals = mean(dataMat, axis = 0)
DataAdjust = dataMat - meanVals                          #减去平均值
covMat = cov(DataAdjust, rowvar = 0)
eigVals,eigVects = linalg.eig(mat(covMat))              #计算特征值和特征向量
#print eigVals
eigValInd = argsort(eigVals)
eigValInd = eigValInd[: - (topNfeat + 1): - 1]          #保留最大的前 k 个特征值
redEigVects = eigVects[:,eigValInd]                     #对应的特征向量
lowDDataMat = DataAdjust * redEigVects                  #将数据转换到低维新空间
reconMat = (lowDDataMat * redEigVects.T) + meanVals     #重构数据,用于调试
return lowDDataMat, reconMat
```

测试数据 testSet.txt 由 1 000 个数据点组成。下面对数据进行降维,并用 Matplotlib 模块将降维后的数据和原始数据一起绘制出来,如例 4.3 - 3 所示。

例 4.3 - 3   Matplotlib 模块绘制示例

```
import matplotlib
import matplotlib.pyplot as plt

dataMat = loadDataSet('testSet.txt')
lowDMat, reconMat = pca(dataMat,1)
print "shape(lowDMat): ",shape(lowDMat)

fig = plt.figure()
ax = fig.add_subplot(111)
ax.scatter(dataMat[:,0].flatten().A[0],dataMat[:,1].flatten().A[0],marker = '^',s = 90)
ax.scatter(reconMat[:,0].flatten().A[0],reconMat[:,1].flatten().A[0],marker = 'o',s = 50,c = 'red')
plt.show()
```

第5章

Python 聚类实验

本章主要介绍聚类的基本原理及应用,并通过 Python 实例对聚类中的经典方法 k 均值作了具体介绍。本章知识结构图如图 5.1 所示。

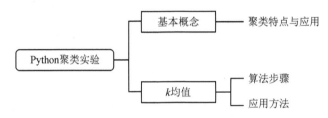

图 5.1　本章基本知识结构

5.1　聚类分析的定义及要解决的问题

聚类分析是一种无监督的机器学习任务,从现有的数据实现对数据的自然分组,在特征空间中找到群组,只解释输入变量,不对数据进行预测。聚类的结果往往是在特征空间的密度区域,来自群组的示例比其他样本点更接近于质心,可以有边界或者范围。聚类分析要解决的问题有:

① 基于行为发现客户群;

② 将正常数据与异常值和异常行为分开;

③ 用作市场细分或者用户细分;

④ 用作特征工程的类型,其中现有的和新的示例可被映射并标记为属于数据中所标识的群集之一。

5.2　聚类算法的实现方法

聚类算法通过计算特征空间示例之间的相似度或者距离,来发现密集的观测区域,实现对群集的识别。聚类分析是一个迭代过程,在该过程中,对所识别的群集的主观评估被反馈回算法配置的改变中,直到达到期望的或适当的结果。scikit - learn 提供了一套不同的聚类算法

供我们选择,其中 10 种比较流行的聚类算法如下:

①　亲和力传播;

②　聚合聚类;

③　BIRCH;

④　DBSCAN;

⑤　k 均值;

⑥　Mini - Batch k 均值;

⑦　均值漂移聚类;

⑧　OPTICS;

⑨　光谱聚类;

⑩　高斯混合。

5.3　聚类的 Python 实现示例

基于 k 均值的 Python 实现代码如例 5.3 - 1 所示,附加的库有 Numpy 和 Matplotlib。

例 5.3 - 1　k 均值聚类示例

```python
from numpy import *
import time
import matplotlib.pyplot as plt

# 计算欧几里得距离
def euclDistance(vector1, vector2):
    return sqrt(sum(power(vector2 - vector1, 2)))

# 使用随机样本初始化质心
def initCentroids(dataSet, k):
    numSamples, dim = dataSet.shape
    centroids = zeros((k, dim))
    for i in range(k):
        index = int(random.uniform(0, numSamples))
        centroids[i, :] = dataSet[index, :]
    return centroids

# k 均值聚类
def kmeans(dataSet, k):
    numSamples = dataSet.shape[0]
    # 第一列存储当前样本属于哪个聚类
    # 第二列存储当前样本与其质心之间的误差
    clusterAssment = mat(zeros((numSamples, 2)))
    clusterChanged = True

    ## 步骤 1:初始化质心
    centroids = initCentroids(dataSet, k)

    while clusterChanged:
        clusterChanged = False
```

```
        ## 对于每个样本
        for i in xrange(numSamples):
            minDist   = 100000.0
            minIndex = 0
            ## 对于每个质心
            ## 步骤 2：找到最近的质心
            for j in range(k):
                distance = euclDistance(centroids[j, :], dataSet[i, :])
                if distance < minDist:
                    minDist   = distance
                    minIndex = j

            ## 步骤 3：更新其聚类
            if clusterAssment[i, 0] != minIndex:
                clusterChanged = True
                clusterAssment[i, :] = minIndex, minDist ** 2

        ## 步骤 4：更新质心
        for j in range(k):
            pointsInCluster = dataSet[nonzero(clusterAssment[:, 0].A == j)[0]]
            centroids[j, :] = mean(pointsInCluster, axis = 0)

    print 'Congratulations, cluster complete! '
    return centroids, clusterAssment

# 在二维数据上展示聚类
def showCluster(dataSet, k, centroids, clusterAssment):
    numSamples, dim = dataSet.shape
    if dim != 2:
        print "Sorry! I can not draw because the dimension of your data is not 2!"
        return 1

    mark = ['or', 'ob', 'og', 'ok', '^r', '+r', 'sr', 'dr', '<r', 'pr']
    if k > len(mark):
        print "Sorry! Your k is too large! please contact Zouxy"
        return 1

    # 绘制所有样本
    for i in xrange(numSamples):
        markIndex = int(clusterAssment[i, 0])
        plt.plot(dataSet[i, 0], dataSet[i, 1], mark[markIndex])

    mark = ['Dr', 'Db', 'Dg', 'Dk', '^b', '+b', 'sb', 'db', '<b', 'pb']
    # 绘制质心
    for i in range(k):
        plt.plot(centroids[i, 0], centroids[i, 1], mark[i], markersize = 12)
    plt.show()
```

用于测试的数据为二维数据,下面是某次实验中随机生成的 80 个样本,分为 4 类,具体如下:

1.658985	4.285136
−3.453687	3.424321

4.838138	−1.151539
−5.379713	−3.362104
0.972564	2.924086
−3.567919	1.531611
0.450614	−3.302219
−3.487105	−1.724432
2.668759	1.594842
−3.156485	3.191137
3.165506	−3.999838
−2.786837	−3.099354
4.208187	2.984927
−2.123337	2.943366
0.704199	−0.479481
−0.392370	−3.963704
2.831667	1.574018
−0.790153	3.343144
2.943496	−3.357075
−3.195883	−2.283926
2.336445	2.875106
−1.786345	2.554248
2.190101	−1.906020
−3.403367	−2.778288
1.778124	3.880832
−1.688346	2.230267
2.592976	−2.054368
−4.007257	−3.207066
2.257734	3.387564
−2.679011	0.785119
0.939512	−4.023563
−3.674424	−2.261084
2.046259	2.735279
−3.189470	1.780269
4.372646	−0.822248
−2.579316	−3.497576
1.889034	5.190400
−0.798747	2.185588
2.836520	−2.658556
−3.837877	−3.253815
2.096701	3.886007
−2.709034	2.923887
3.367037	−3.184789
−2.121479	−4.232586
2.329546	3.179764
−3.284816	3.273099
3.091414	−3.815232
−3.762093	−2.432191
3.542056	2.778832
−1.736822	4.241041
2.127073	−2.983680
−4.323818	−3.938116
3.792121	5.135768

−4.786473	3.358547
2.624081	−3.260715
−4.009299	−2.978115
2.493525	1.963710
−2.513661	2.642162
1.864375	−3.176309
−3.171184	−3.572452
2.894220	2.489128
−2.562539	2.884438
3.491078	−3.947487
−2.565729	−2.012114
3.332948	3.983102
−1.616805	3.573188
2.280615	−2.559444
−2.651229	−3.103198
2.321395	3.154987
−1.685703	2.939697
3.031012	−3.620252
−4.599622	−2.185829
4.196223	1.126677
−2.133863	3.093686
4.668892	−2.562705
−2.793241	−2.149706
2.884105	3.043438
−2.967647	2.848696
4.479332	−1.764772
−4.905566	−2.911070

第6章

基于线性回归的
人体几何数据预测实验

本章将介绍基于线性回归的人体几何数据预测实验,所采用的数据集是自行测量获得的人体尺寸数据,利用梯度下降法求解最小二乘问题,以获取二元线性回归的目标函数。本章基本知识结构如图 6.1 所示。

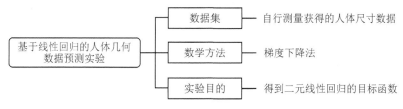

图 6.1　本章基本知识结构

6.1　实验目的

本章主要通过学习基于线性回归的人体几何数据预测实验,了解实验数据样本的获取、探索和预处理,采用 Python 编程法解决线性回归问题的流程,学习搭建简单的线性回归模型并进行训练,输出生成的回归方程图像并进行数据预测。

6.2　数据集介绍

本实验使用的是作者自行测量获得的人体尺寸数据,如表 6.2 - 1 所列,经过 SPSS (Statistical Package for the Social Sciences,社会科学统计软件包)分析后选取相关性较高的一组。

表 6.2 - 1　人体尺寸数据

训练组			测试组		
身高/mm	体重/kg	大腿长/mm	身高/mm	体重/kg	大腿长/mm
1 760	68	446.11	1 790	80	463
1 810	75	464.51	1 800	67	480

续表 6.2 - 1

训练组			测试组		
身高/mm	体重/kg	大腿长/mm	身高/mm	体重/kg	大腿长/mm
1 720	62	420	1 820	89	500
1 760	66	420	1 780	74.7	514.5
1 700	53	375			
1 640	54	345			
1 760	75.5	436.4			
1 750	65.5	440.2			
1 796	73.1	505			
1 770	98	502			
1 760	69	475			
1 797	69	504			

6.3 实验步骤

本实验采用梯度下降法来处理测量数据,编写完整的线性回归代码,输出有效的多元线性回归模型以及方程图像,实现对未来数据的预测并获得与实际数据的误差。具体如下:

① 获取三维扫描图像,拼装人体模型并测量初始数据。

② 寻找身高与体重、大腿长之间的线性关系,定义二元线性回归的目标函数和代价函数。

③ 编写梯度下降、数据拟合、循环训练和输出程序,实现测量数据的导入和处理,最终生成线性回归模型,以对新加入的数据进行预测。

④ 通过实际的操作,理解线性回归中样本的作用,理解线性回归中各参数的影响;学会编写梯度下降算法函数;同时考虑在实际应用过程中,如何处理异常数据等。

⑤ 生成二元线性回归的拟合图像,明确各图像坐标的含义。

6.4 实验注意事项

本实验要注意的事项包括以下三点:

① 迭代的终止条件为 $e = 0.000\ 1$;

② 使用极差法归一化,公式为:$\tilde{x} = \dfrac{x - \bar{x}}{\max - \min}$;

③ 要求输出 θ_0、θ_1、θ_2 训练组误差和测试组误差。

6.5 实验规则

读者可从训练组中选择数据进行训练,再通过测试组数据进行测试,观察测试结果判断是否正确。

6.6 知识点

① 目标函数：通常也称为假设函数，是指用于预测的数学模型，在线性回归中，采用特征的线性组合作为预测模型。通常用 $h(x)$ 表示目标函数，用 θ 表示模型的参数。二元线性回归的目标函数为

$$h(x) = \theta_0 + \theta_1 \cdot x_1 + \theta_2 \cdot x_2 \tag{6.1}$$

② 损失函数（loss function）：是一种将随机事件或其有关随机变量的取值映射为非负实数以表示该随机事件的"风险"或"损失"的函数。在应用中，损失函数通常作为学习准则与优化问题相联系，即通过最小化损失函数来求解和评估模型。

③ 梯度下降（gradient descent）法：是迭代法的一种，可用于求解最小二乘问题。在求解机器学习算法的模型参数，即无约束优化问题时，梯度下降法是最常采用的方法之一。

④ 获取人体几何数据的测量值：利用三维扫描仪进行扫描，获得人体扫描切片，然后使用 Geomagic 软件进行切片拼装以生成完整的人体三维模型，最后采用标点测量的方法获取初始数据。

6.7 实验代码

实验代码是在 Pytorch 框架下编写的，如例 6.7-1 所示。

例 6.7-1 基于线性回归的人体几何数据预测示例

```
# 目标变量:身高 y; 特征:体重×1、大腿长×2
data_y = [0.013888889, 0.291666667, -0.208333333, 0.013888889, -0.319444444, -0.652777778,
0.013888889, -0.041666667, 0.180555556, 0.236111111, 0.347222222, 0.125]
data_x1 = [-0.031712963, 0.162731481, -0.19837963, -0.087268519, -0.44837963, -0.420601852,
0.17662037, -0.101157407, 0.30162037, -0.059490741, 0.55162037, 0.154398148]
data_x2 = [0.023893805, 0.132448378, -0.130147493, -0.130147493, -0.395634218, -0.572625369,
-0.03339233, -0.010973451, 0.123539823, 0.223834808, 0.341828909, 0.427374631]
x1_train = data_x1[0:8]
x2_train = data_x2[0:8]
y_train = data_y[0:8]
x1_test = data_x1[8:]
x2_test = data_x2[8:]
y_test = data_y[8:]
m = len(x1_train)
n_test = len(x1_test)
theta0 = 0
theta1 = 0
theta2 = 0
alpha = 0.01
ep = 0.0001
delta_theta0 = 100
delta_theta1 = 100
```

```
delta_theta2 = 100
while abs(delta_theta2) > ep or abs(delta_theta1) > ep or abs(delta_theta0) > ep:
    delta_theta0 = 0
    delta_theta1 = 0
    delta_theta2 = 0
    for i in range(m):    # 对样本求和
        #print(i)
        y_hat = theta2 * x2_train[i] + theta1 * x1_train[i] + theta0
        delta_theta2 += (1/m) * (y_hat - y_train[i]) * (x2_train[i])
        delta_theta1 += (1/m) * (y_hat - y_train[i]) * (x1_train[i])
        delta_theta0 += (1/m) * (y_hat - y_train[i])
    print('delta_theta2:',delta_theta2)
    print('delta_theta1:',delta_theta1)
    print('delta_theta0:',delta_theta0)

    theta2 = theta2 - alpha * delta_theta2
    theta1 = theta1 - alpha * delta_theta1
    theta0 = theta0 - alpha * delta_theta0

train_loss = 0
for i in range(m):
    y_hat = theta2 * x2_train[i] + theta1 * x1_train[i] + theta0
    train_loss += 1/(2*m)*(y_hat - y_train[i])**2   # 训练集的代价函数

test_loss = 0
for i in range(n_test):
    y_hat = theta2 * x2_train[i] + theta1 * x1_train[i] + theta0
    test_loss += 1/(2*n_test)*(y_test[i] - y_hat)**2

print('x1_train:',x1_train)
print('x2_train:',x2_train)
print('y_train:',y_train)
print('x1_test:', x1_test)
print('x2_test:', x2_test)
print('y_test:',y_test)
print('m:',m)
print('theta2:',theta2)
print('theta1:',theta1)
print('theta0:',theta0)
print('train_loss:',train_loss)
print('test_loss:',test_loss)
import numpy as np
import matplotlib.pyplot as plt

x = np.array([-0.031712963,0.162731481,-0.19837963,-0.087268519,-0.44837963,
-0.420601852,0.17662037,-0.101157407,0.30162037,-0.059490741,0.55162037,0.154398148])
```

```
    y = np.array([0.023893805, 0.132448378, −0.130147493, −0.130147493, −0.395634218,
−0.572625369, −0.03339233, −0.010973451, 0.123539823, 0.223834808, 0.341828909, 0.427374631])

    z = np.array([0.013888889, 0.291666667, −0.208333333, 0.013888889, −0.319444444,
−0.652777778, 0.013888889, −0.041666667, 0.180555556, 0.236111111, 0.347222222, 0.125])


    ax = plt.subplot(projection = '3d')      # 创建一个三维的绘图工程
    ax.set_title('3d_image_show')            # 设置本图名称
    ax.scatter(x, y, z, c = 'r')             # 绘制数据点的颜色：r 表示红色


    ax.set_xlabel('X')   # 设置 x 坐标轴(x1)
    ax.set_ylabel('Y')   # 设置 y 坐标轴(x2)
    ax.set_zlabel('Z')   # 设置 z 坐标轴(y)
    # y = 0.048448803877414355 + 0.20735280049940896x1 + 0.9671468468833181x2
    a = np.linspace(−1, 1, 29)               # 生成 x 轴数据的代表
    b = np.linspace(−1, 1, 29)               # 生成 y 轴数据的代表
    X, Y = np.meshgrid(a, b)                 # 对 x、y 数据执行网格化
    # 绘制 3D 图形
    ax.plot_surface(X,
                    Y,
    Z = 0.048448803877414355 + 0.20735280049940896 * X + 0.9671468468833181 * Y,
                color = 'y',
                alpha = 0.6
                )
    plt.show()
```

6.8　实验案例结果

运行例 6.7-1 所示代码得到实验结果,如图 6.2 所示,数值结果见例 6.8-1。

例 6.8-1　实验案例结果展示

```
    delta_theta2: −9.997920503178175e−05
    delta_theta1: 9.999605282998755e−05
    delta_theta0: −2.1141815223692934e−06
    x1_train: [−0.031712963, 0.162731481, −0.19837963, −0.087268519, −0.44837963,
−0.420601852, 0.17662037, −0.101157407]
    x2_train: [0.023893805, 0.132448378, −0.130147493, −0.130147493, −0.395634218,
−0.572625369, −0.03339233, −0.010973451]
    y_train: [0.013888889, 0.291666667, −0.208333333, 0.013888889, −0.319444444,
−0.652777778, 0.013888889, −0.041666667]
    x1_test: [0.30162037, −0.059490741, 0.55162037, 0.154398148]
    x2_test: [0.123539823, 0.223834808, 0.341828909, 0.427374631]
    y_test: [0.180555556, 0.236111111, 0.347222222, 0.125]
    m: 8
    theta2: 0.9671468468833181
    theta1: 0.20735280049940896
    theta0: 0.048448803877414355
```

```
train_loss：0.0030891889259840456
test_loss：0.03495039472087902
```

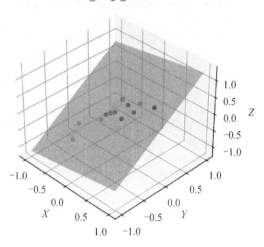

图 6.2　实验结果

第7章

航空器识别神经网络实验

本章使用的是作者创建的航空器数据集,提供了在 Pytorch 环境下编写的神经网络分类器的完整代码,调整程序中标明"可调参数"的参数值,对分类器的性能进行优化,并对模型性能进行测试。本章基本知识结构如图 7.1 所示。

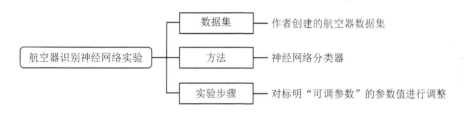

图 7.1 本章基本知识结构

7.1 实验目的

本实验提供了在 Pytorch 环境下编写的神经网络分类器的完整代码(见 7.8 节中相关代码,其他代码随书赠送),以及航空器数据集。请根据本章介绍的实验说明引导,运行代码并进行参数调整,以优化分类器性能。

7.2 数据集介绍

本实验使用的是作者创建的航空器数据集,存储在 dataset 文件中,样本个数为 450,共有三类航空器以及对应的标签,分别如图 7.2~图 7.4 所示。

7.3 实验步骤

先尝试在计算机上运行程序 net_train.py(见 7.8 节中相关代码),运行成功后,会得到测试准确率(accuracy),但数值会很低。

图 7.2 类型 1:直升机

图 7.3 类型 2:无人机

图 7.4 类型 3:客机

请参考 7.5 节对程序中相应参数进行调整,对分类器的性能进行优化。在训练好的模型上,用额外的测试样本测试分类性能,然后根据对在额外测试样本上得到的分类准确率以及训练加测试耗费的总时长两个参数的综合考量进行最终评分。

7.4 实验注意事项

① 相比训练准确率,应更加关注测试准确率,因为分类器模型在不参与训练的数据集上的表现才能衡量其性能,我们最终使用的测试样本也不在原始数据集的范围内。在调参过程中,请尽量最大化测试准确率并避免过拟合情况(训练准确率比测试准确率大很多)出现。

② 控制程序的测试时间,尽量在 0.5 min 以内。

③ 不要改动 net_train. py 程序以外的任何文件(建议只改动几个可调参数,如果有能力也可以改动网络结构),以免测试时出现问题。

④ 请于限定的时间内(20 min)完成任务,并及时上交程序。

7.5　可调参数说明

① 隐含层单元数:该参数是神经网络中隐含层的神经元个数。理论上,在一定范围内,神经元个数越多,分类器面对复杂数据集的拟合效果就越好;但神经元个数越多,计算量就越大,训练所花费的时间就越长。若模型太复杂但数据集不足,则容易出现过拟合的情况。

② 迭代步数:即梯度下降更新参数的迭代次数。迭代步数太小会导致训练不充分,太大则会导致无谓浪费训练时间,甚至产生过拟合。由代价函数随迭代步数的变化曲线以及代价函数数值(cost)的收敛情况可知,当代价函数基本不变时,模型基本达到收敛,此时应停止训练。

③ 学习率:相当于每次迭代前进的步长。学习率太高会导致模型无法收敛甚至发散;学习率太小则会产生训练效率太低、收敛缓慢的问题。通过观察代价函数的数值变化及代价函数随迭代步数的变化曲线来调整学习率。如果模型的代价函数收敛缓慢,则学习率过小;如果模型的代价函数增大甚至达到无穷大(NaN),则学习率过大。

④ Batch_size:表示单次传递给程序用于训练的数据个数。如将 Batch_size 设置为 128,就会在训练时首先使用前 128 个数据进行训练,再使用后面第 129~256 的数据,以此类推。此参数设置过小会导致训练中的梯度值波动较大;此参数设置过大会使算法训练速度变慢且占用大量内存。

7.6　实验规则

现有样本量为 450 个的航空器数据集,将其划分为训练集和测试集,样本个数分别为 405 和 45。其中,训练集提供给读者用于训练,测试集不提供给读者,只做考核用。

将神经网络的 Python 源代码(见 7.8 节中相关代码)提供给读者,要求读者通过尝试调参,优化分类器性能。

7.7　知识点

在此项目中可以学习到:

① 如何对神经网络的基本参数进行调整;

② 如何对手中的数据进行合理划分(即划分训练集、验证集、测试集)。

7.8　实验代码

实验代码是在 Pytorch 环境下编写的,主程序为 net_train. py 文件,网络结构为 net. py,如例 7.8-1 所示。

人工智能及其航空航天应用实验教程(Python 版)

例 7.8 - 1 航空器识别神经网络实验示例

```python
import torch
from torch import nn
from net import MyAlexNet
import numpy as np

from torch.optim import lr_scheduler
import os

from torchvision import transforms
from torchvision.datasets import ImageFolder
from torch.utils.data import DataLoader

import matplotlib.pyplot as plt

# 解决中文显示问题
plt.rcParams['font.sans-serif'] = ['SimHei']
plt.rcParams['axes.unicode_minus'] = False

ROOT_TRAIN = r'F:/aircraft_classifier/aircraft_classifier/data/train'
ROOT_TEST = r'F:/aircraft_classifier/aircraft_classifier/data/val'

# 将图像 RGB 三个通道的像素值分别减去 0.5,再除以 0.5.从而将所有的像素值固定在[-1,1]范围内
normalize = transforms.Normalize([0.5, 0.5, 0.5], [0.5, 0.5, 0.5])
train_transform = transforms.Compose([
    transforms.Resize((224, 224)),          # 裁剪为 224×224
    transforms.RandomVerticalFlip(),        # 随机垂直旋转
    transforms.ToTensor(),  # 将 0~255 范围内的像素转为 0~1 范围内的张量
    normalize])

val_transform = transforms.Compose([
    transforms.Resize((224, 224)),
    transforms.ToTensor(),
    normalize])


train_dataset = ImageFolder(ROOT_TRAIN, transform=train_transform)
val_dataset = ImageFolder(ROOT_TEST, transform=val_transform)

train_dataloader = DataLoader(train_dataset, batch_size=64, shuffle=True)
val_dataloader = DataLoader(val_dataset, batch_size=64, shuffle=True)

# 如果显卡可用,则用显卡进行训练
device = 'cuda' if torch.cuda.is_available() else 'cpu'

# 调用 net 中定义的网络模型, 如果 GPU 可用,则将模型转到 GPU
model = MyAlexNet().to(device)

# 定义损失函数(交叉熵损失)
loss_fn = nn.CrossEntropyLoss()
```

```python
# 定义优化器(SGD)
optimizer = torch.optim.SGD(model.parameters(), lr = 0.01, momentum = 0.9)

# 学习率每隔 10 个周期变为原来的 0.01
lr_scheduler = lr_scheduler.StepLR(optimizer, step_size = 100, gamma = 0.5)

# 定义训练函数
def train(dataloader, model, loss_fn, optimizer):
    loss, current, n = 0.0, 0.0, 0
    for batch, (x, y) in enumerate(dataloader):

        # 前向传播
        image, y = x.to(device), y.to(device)
        output = model(image)
        cur_loss = loss_fn(output, y)
        _, pred = torch.max(output, axis = 1)
        cur_acc = torch.sum(y == pred)/output.shape[0]

        # 反向传播
        optimizer.zero_grad()
        cur_loss.backward()
        optimizer.step()
        loss += cur_loss.item()
        current += cur_acc.item()
        n = n + 1

    train_loss = loss / n
    tran_acc = current / n
    print('train_loss:' + str(train_loss))
    print('train_acc:' + str(tran_acc))
    return train_loss, tran_acc

# 定义测试函数
def val(dataloader, model, loss_fn):
    # 将模型转为验证模型
    model.eval()
    loss, current, n = 0.0, 0.0, 0
    with torch.no_grad():
        for batch, (x, y) in enumerate(dataloader):
            image, y = x.to(device), y.to(device)
            output = model(image)
            cur_loss = loss_fn(output, y)
            _, pred = torch.max(output, axis = 1)
            cur_acc = torch.sum(y == pred) / output.shape[0]
            loss += cur_loss.item()
            current += cur_acc.item()
            n = n + 1

    val_loss = loss / n
    val_acc = current / n
    print('val_loss:' + str(val_loss))
```

```
            print('val_acc:' + str(val_acc))
            return val_loss, val_acc

# 画图函数
def matplot_loss(train_loss, val_loss):
    plt.plot(train_loss, label = 'train_loss')
    plt.plot(val_loss, label = 'val_loss')
    plt.legend(loc = 'best')
    plt.ylabel('loss', fontsize = 12)
    plt.xlabel('epoch', fontsize = 12)
    plt.title("训练集和验证集 loss 值对比图")
    plt.show()

def matplot_acc(train_acc, val_acc):
    plt.plot(train_acc, label = 'train_acc')
    plt.plot(val_acc, label = 'val_acc')
    plt.legend(loc = 'best')
    plt.ylabel('acc', fontsize = 12)
    plt.xlabel('epoch', fontsize = 12)
    plt.title("训练集和验证集精确度值对比图")
    plt.show()

# 开始训练
loss_train = []
acc_train = []
loss_val = []
acc_val = []

epoch = 500
min_acc = 0
for t in range(epoch):
    lr_scheduler.step()
    print(f"epoch{t + 1}\n--------------")
    train_loss, train_acc = train(train_dataloader, model, loss_fn, optimizer)
    val_loss, val_acc = val(val_dataloader, model, loss_fn)

    loss_train.append(train_loss)
    acc_train.append(train_acc)
    loss_val.append(val_loss)
    acc_val.append(val_acc)

    # 保存最好的模型权重文件
    if val_acc > min_acc:
        folder = 'save_model'
        if not os.path.exists(folder):
            os.mkdir('save_model')
        min_acc = val_acc
        print(f'save best model,第{t + 1}轮')
        torch.save(model.state_dict(), 'save_model/best_model.pth')
    # 保存最后的权重模型文件
    if t == epoch - 1:
```

```
                torch.save(model.state_dict(), 'save_model/last_model.pth')
print('Done! ')

matplot_loss(loss_train, loss_val)
matplot_acc(acc_train, acc_val)
```

7.9 实验案例结果

最后得到的程序测试准确率如图 7.5 所示(未经过调参的,只做展示)。

```
accuracy: 62.22222222222222%, time_consume: 0.993323802947998s
```

图 7.5 程序测试准确率

第8章　手写字识别神经网络调参实验

本章利用 MNIST 手写字数据集,编写神经网络分类器。对"可调参数"的参数值进行调整,对分类器的性能进行优化。本章基本知识结构如图8.1所示。

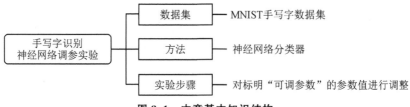

图 8.1　本章基本知识结构

8.1　实验目的

本实验提供了在 Pytorch 环境下编写的神经网络分类器的完整代码,以及 MNIST 手写字数据集(主代码见8.8节中相关代码,其他代码随书赠送)。请根据本章介绍的实验说明引导,运行代码并进行参数调整,以优化分类器性能。

8.2　数据集介绍

本实验使用的是 MNIST 手写字数据集的子集,存储在 train/data 文件中,样本个数为4 000,每个样本有 400 个特征点(像素点)以及对应的标签,如图8.2所示。

图 8.2　手写字样本

8.3　实验步骤

先尝试在计算机上运行程序 train_main_cpu.py(见 8.8 节中相关代码)。运行成功后,会得到测试运行时间(time_consume)和测试准确率(accuracy),但数值会很低。

请根据 8.5 节中的介绍进行代码调整,对分类器的性能进行优化。在训练好的模型上,用额外的测试样本测试分类性能,然后根据对在额外测试样本上得到的分类准确率以及训练加测试耗费的总时长两个参数的综合考量进行最终评分。

8.4　实验注意事项

① 相比训练准确率,应更加关注测试准确率,因为分类器模型在不参与训练的数据集上的表现才能衡量其性能,我们最终使用的测试样本也不在原始数据集的范围内。在调参过程中,请尽量最大化测试准确率并避免过拟合情况(训练准确率比测试准确率大很多)出现。

② 控制程序的测试时间,尽量在 0.5 min 以内。

③ 不要改动 train_main_cpu.py 程序以外的任何文件(建议只改动几个可调参数,如果有能力也可以改动网络结构),以免测试时出现问题。

④ 请于限定的时间内(20 min)完成任务,并及时上交程序。

8.5　可调参数说明

① 隐含层单元数:该参数是神经网络中隐含层的神经元个数。理论上,在一定范围内,神经元个数越多,分类器面对复杂数据集的拟合效果就越好;但神经元个数越多,计算量就越大,训练所花费的时间就越长。若模型太复杂但数据集不足,则容易出现过拟合的情况。

② 迭代步数:即梯度下降更新参数的迭代次数。迭代步数太小会导致训练不充分,太大则会导致无谓浪费训练时间,甚至产生过拟合。由代价函数随迭代步数的变化曲线以及代价函数数值的收敛情况可知,当代价函数基本不变时,模型基本达到收敛,此时应停止训练。

③ 学习率:相当于每次迭代前进的步长。学习率太高会导致模型无法收敛甚至发散;学习率太小则会产生训练效率太低、收敛缓慢的问题。通过观察代价函数的数值变化及代价函数随迭代步数的变化曲线来调整学习率。如果模型的代价函数收敛缓慢,则学习率过小;如果模型的代价函数增大甚至达到无穷大(NaN),则学习率过大。

④ Batch_size:表示单次传递给程序用于训练的数据个数。如将 Batch_size 设置为 128,就会在训练时首先使用前 128 个数据进行训练,再使用后面第 129~256 的数据,以此类推。此参数设置过小会导致训练中梯度值波动较大;此参数设置过大会使算法训练速度变慢且占用大量内存。

8.6　实验规则

现有样本量为 5 000 个的 MNIST 手写字数据集,将其划分为训练集和测试集,样本个数分别为 4 000 和 1 000。其中,训练集提供给读者用于训练,测试集不提供给读者,只做考核用。

8.7 知识点

在此项目中可以学习到:

① 如何对神经网络的基本参数进行调整;

② 如何对手中的数据进行合理划分(即划分训练集、验证集、测试集)。

8.8 实验代码

实验代码是在 Pytorch 环境下编写的,如例 8.8-1 所示。

例 8.8-1 手写字识别神经网络调参实验示例

```python
import os
import numpy as np
import gzip

import torch
from torch import nn, optim
from torch.autograd import Variable
from torchvision import transforms
from torch.utils.data import Dataset, DataLoader

# 网络结构
class CNN(nn.Module):
    def __init__(self):
        super(CNN, self).__init__()
        self.layer1 = nn.Sequential(
            nn.Conv2d(1, 25, kernel_size = 3),
            nn.BatchNorm2d(25),
            nn.ReLU(inplace = True)
        )

        self.layer2 = nn.Sequential(
            nn.MaxPool2d(kernel_size = 2, stride = 2)
        )

        self.layer3 = nn.Sequential(
            nn.Conv2d(25, 50, kernel_size = 3),
            nn.BatchNorm2d(50),
            nn.ReLU(inplace = True)
        )

        self.layer4 = nn.Sequential(
            nn.MaxPool2d(kernel_size = 2, stride = 2)
        )
```

```
        self.fc = nn.Sequential(
            nn.Linear(50 * 5 * 5, 1024),
            nn.ReLU(inplace = True),
            nn.Linear(1024, 128),
            nn.ReLU(inplace = True),
            nn.Linear(128, 10)
        )

    def forward(self, x):
        x = self.layer1(x)
        x = self.layer2(x)
        x = self.layer3(x)
        x = self.layer4(x)
        x = x.view(x.size(0), -1)
        x = self.fc(x)
        return x

class DealDataset(Dataset):
    """
        读取数据、初始化数据
    """
    def __init__(self, folder, data_name, label_name, transform = None):
        (train_set, train_labels) = load_data(folder, data_name,
                                    label_name)    # 其实也可以直接使用 torch.load(),读取
                                                   # 之后的结果为 torch.Tensor 形式
        self.train_set = train_set
        self.train_labels = train_labels
        self.transform = transform

    def __getitem__(self, index):
        img, target = self.train_set[index], int(self.train_labels[index])
        if self.transform is not None:
            img = self.transform(img)
        return img, target

    def __len__(self):
        return len(self.train_set)

def load_data(data_folder, data_name, label_name):
    with gzip.open(os.path.join(data_folder, label_name), 'rb') as lbpath:   # rb 表示的是读取
                                                                             # 二进制数据
        y_train = np.frombuffer(lbpath.read(), np.uint8, offset = 8)

    with gzip.open(os.path.join(data_folder, data_name), 'rb') as imgpath:
        x_train = np.frombuffer(
            imgpath.read(), np.uint8, offset = 16).reshape(len(y_train), 28, 28)
    return (x_train, y_train)

transform_img = transforms.Compose([
        transforms.ToTensor(),
        transforms.Normalize([0.5], [0.5])])
```

```python
# 训练数据集和测试数据集
train_dataset = DealDataset(r'F:\number_recognize\number_recognize\train\data',
"train-images-idx3-ubyte.gz", "train-labels-idx1-ubyte.gz", transform = transform_img)
test_dataset = DealDataset(r'F:\number_recognize\number_recognize\train\data',
"t10k-images-idx3-ubyte.gz", "t10k-labels-idx1-ubyte.gz", transform = transform_img)
# 训练数据和测试数据的装载
train_loader = DataLoader(
    dataset = train_dataset,
    batch_size = 128,
    shuffle = False,
)

test_loader = DataLoader(
    dataset = test_dataset,
    batch_size = 128,
    shuffle = False,
)

# 定义一些超参数
learning_rate = 0.02        # 学习率
num_episode = 20            # 训练轮数

# 选择模型
model = CNN()

# 定义损失函数和优化器
criterion = nn.CrossEntropyLoss()
optimizer = optim.SGD(model.parameters(), lr = learning_rate)

# 训练模型
for i in range(num_episode):
    epoch = 0
    for data in train_loader:
        img, label = data
        # img = img.view(img.size(0), -1)
        img = Variable(img)
        label = Variable(label)
        out = model(img)
        loss = criterion(out, label)
        print_loss = loss.data.item()

        optimizer.zero_grad()
        loss.backward()
        optimizer.step()
        epoch += 1
        if epoch % 50 == 0:
            print('episode:{}, epoch:{}, loss:{:.4}'.format(i, epoch, loss.data.item()))

# 模型评估——利用 loss 和平均准确率来评估
model.eval()
eval_loss = 0
```

```
eval_acc = 0
for data in test_loader:
    img, label = data
    # img = img.view(img.size(0), -1)
    img = Variable(img)
    label = Variable(label)
    out = model(img)
    loss = criterion(out, label)
    eval_loss += loss.data.item() * label.size(0)
    _, pred = torch.max(out, 1)
    num_correct = (pred == label).sum()
    eval_acc += num_correct.item()
print('Test Loss: {:.6f}, Acc: {:.6f}'.format(
    eval_loss / (len(test_dataset)),
    eval_acc / (len(test_dataset))
))

# 保存模型
torch.save(model, 'F:/number_recognize/number_recognize/train/model/test_code_model.pkl')
```

8.9　实验案例结果

运行程序最后会得到测试准确率(图 8.3 所示为未经过调参的,只做展示)。

accuracy: 69.44444444444444%, time_consume: 0.5056767463684082s

图 8.3　测试准确率

第9章　导弹-飞机轨迹追踪 神经网络实验

本章所使用的训练集为作者自行编写程序生成的,读者需要运行代码并进行参数调整,以优化分类器性能。本章基本知识结构如图 9.1 所示。

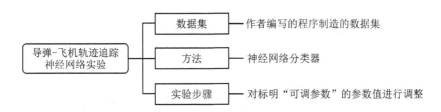

图 9.1　本章基本知识结构

9.1　实验目的

本实验提供了在 Pytorch 环境下编写的神经网络分类器的完整代码,以及训练网络所需的数据集(核心代码见 9.8 节中相关代码,其他代码将随书赠送)。请根据本章介绍的实验说明引导,运行代码并进行参数调整,以优化分类器性能。

9.2　数据集介绍

本实验使用的是作者编写的程序制造的训练集,初始数据集包括 Z 轴为导弹连续变化的转角(theta 值),X、Y 轴分别为导弹与飞机之间的相对距离 delta_x,delta_y,利用对数等基本函数对训练数据进行映射处理,使用对数、指数变换等对数据进行处理,使数据点之间的差异更为明显,有利于神经网络的收敛。图 9.2 和图 9.3 所示分别为映射前后的数据点。之后对多条轨迹的数据集进行整合后得到最终用于神经网络的训练集,将其存储在"训练集\单条路径\\1421.npy"文件中,样本个数为 1 424。

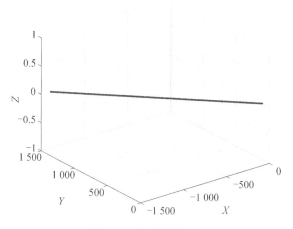

图 9.2　映射前数据点

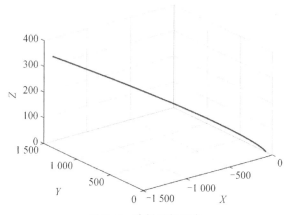

图 9.3　映射后数据点

9.3　实验步骤

先尝试在计算机上运行程序导弹训练神经网络.py(见9.8节中相关代码)。运行成功后,会得到测试准确率(accuracy),但数值会很低。

请对9.5节中介绍的参数值进行调整,对分类器的性能进行优化。在训练好的模型上,用额外的测试样本测试分类性能,然后根据对在额外测试样本上得到的分类准确率以及训练加测试耗费的总时长两个参数的综合考量进行最终评分。

训练好的网络会被自动保存到 net_out.pkl 文件中,之后运行程序导弹追踪飞机.py 可以查看根据训练的网络导弹是否会成功击中飞机(记得换成训练的网络,在导弹追踪飞机.py 代码中有标注)。

9.4　实验注意事项

① 相比训练准确率,应更加关注测试准确率,因为分类器模型在不参与训练的数据集上

的表现才能衡量其性能,我们最终使用的测试样本也不在原始数据集的范围内。在调参过程中,请尽量最大化测试准确率并避免过拟合情况(训练准确率比测试准确率大很多)出现。

② 控制程序的测试时间,尽量在 0.5 min 以内。

③ 不要改动导弹训练神经网络.py 程序以外的任何文件(建议只改动几个可调参数,如果有能力也可以改动网络结构),以免测试时出现问题。

④ 请于限定的时间内(20 min)完成任务,并及时上交程序。

9.5　可调参数说明

① 隐含层单元数:该参数是神经网络中隐含层的神经元个数。理论上,在一定范围内,神经元个数越多,分类器面对复杂数据集的拟合效果就越好;但神经元个数越多,计算量就越大,训练所花费的时间就越长。若模型太复杂但数据集不足,则容易出现过拟合的情况。

② 迭代步数:即梯度下降更新参数的迭代次数。迭代步数太小会导致训练不充分,太大则会导致无谓浪费训练时间,甚至产生过拟合。由代价函数随迭代步数的变化曲线以及代价函数数值(cost)的收敛情况可知,当代价函数基本不变时,模型基本达到收敛,此时应停止训练。

③ 学习率:相当于每次迭代前进的步长。学习率太高会导致模型无法收敛甚至发散;学习率太小则会产生训练效率太低、收敛缓慢的问题。通过观察代价函数的数值变化及代价函数随迭代步数的变化曲线来调整学习率。如果模型的代价函数收敛缓慢,则学习率过小;如果模型的代价函数增大甚至达到无穷大(NaN),则学习率过大。

④ Batch_size:表示单次传递给程序用于训练的数据个数。如将 Batch_size 设置为 128,就会在训练时首先使用前 128 个数据进行训练,再使用后面第 129~256 的数据,以此类推。此参数设置过小会导致训练中的梯度值波动较大;此参数设置过大会使算法训练速度变慢且占用大量内存。

9.6　实验规则

现有样本量为 1 421 的数据集,将其划分为训练集和测试集。将神经网络的 Python 源代码提供给读者,要求读者通过尝试调参,优化分类器性能。

9.7　知识点

在此项目中可以学习到:

① 如何对神经网络的基本参数进行调整;

② 如何对手中的数据进行合理地预处理以提高神经网络训练的准确度。

9.8　实验代码

导弹-飞机轨迹追踪神经网络实验代码如例 9.8-1。

例 9.8-1　导弹-飞机轨迹追踪神经网络实验示例

```python
import torch
import torch.nn as nn
import torch.optim as optim
import numpy as np
import math
from torch.utils.data import Dataset, DataLoader       # 用于创造数据集
import matplotlib.pyplot as plt                         # 用于绘图


# ---- 学习参数定义 ----
''' 调整训练网络参数 '''
batch_size = 15                    # 每个 batch 大小取决于训练集总数,可调整
learning_rate = 0.00007            # 学习率
epochs = 1000                      # 循环总数,可调整


# ---- 定义神经网络的类 ----
class MLP(nn.Module):
    def __init__(self):
        super(MLP, self).__init__()            # 调用 nn.Module
        ''' 这里可以调整各层神经元数量 '''
        self.model = nn.Sequential(
            nn.Linear(6, 50),                  # 第一层
            nn.Hardswish(inplace = True),      # 激活函数:relu
            nn.Linear(50, 250),                # 第 2 层
            nn.LeakyReLU(inplace = True),      # 激活函数:relu
            nn.Linear(250, 2500),              # 第 3 层
            nn.LeakyReLU(inplace = True),      # 激活函数:relu
        )

    def forward(self, x):                      # 前向传播函数
        x = self.model(x)
        return x


# ---- 创造 torch 数据集 ----
def npy2torch(Data, batch_size):
    data_tensor = torch.from_numpy(Data[:, 1:]).to(torch.float32)                      # 提取 INput
    target_tensor = torch.from_numpy(Data[:, 0]).to(torch.float32).long()   # 提取 target
    dataset = torch.utils.data.TensorDataset(data_tensor, target_tensor)
    torch_data = DataLoader(dataset, batch_size = batch_size, shuffle = False, pin_memory = True)
    return torch_data, dataset


if __name__ == "__main__":
    # ---- 引入 path.npy 文件 ----
    Data_basic = np.load('训练集数据/训练集/训练集/单条路径/1421.npy','r', encoding =
"latin1")   # 读取 npy 格式文件
    length = len(Data_basic)
    print('data_length :',length)
    # ---- 数据映射处理 ----
    for i, target in enumerate(Data_basic):
        if Data_basic[i, 0] <= 0:
            Data_basic[i, 0] = 0.00012613231177090425
        Data_basic[i, 0] *= 12000
        Data_basic[i, 0] = math.log(Data_basic[i, 0], 1.001)
        Data_basic[i, 0] = math.log(Data_basic[i, 0], 1.01)
```

```
        Data_basic[i, 0] - = 400
train_basic = Data_basic
test_basic = Data_basic
pre_data = np.ones((len(test_basic), 3))

# ----创造 torch 格式数据集 ----
train_data, train_dataset = npy2torch(train_basic, batch_size)
test_data, test_dataset = npy2torch(test_basic, batch_size)
# print(train_data)
# ----神经网络初始配置 ----
net = MLP()                                          # 调用 MLP 网络
optimizer = optim.SGD(net.parameters(), lr = learning_rate)  # 配置 SGD 优化器
criteon = nn.CrossEntropyLoss()                      # 交叉熵函数

# ----训练过程 ----
for epoch in range(epochs):                          # 进行每个 epoch 的训练
    for batch_idx, (data, target) in enumerate(train_data):  # 遍历 tensor 格式,返回
                                                     # batch,(data, target)

        data = data.view(-1, 6)                      # 改变数据的格式
        logits = net(data)                           # 训练
        # print('logits:',logits)
        loss = criteon(logits, target)               # 计算交叉熵
        optimizer.zero_grad()                        # 优化器梯度初始化
        loss.backward()                              # 反向传播
        # print(w1.grad.norm(), w2.grad.norm())
        optimizer.step()                             # 优化器梯度参数更新

        # if batch_idx % 400 == 0:                   # 每 n 个 batch,打印一下训练结果
        #     print('Train Epoch: {} [{}/{} ({:.2f} %)]\tLoss: {:.6f}'.format(
        #         epoch, batch_idx * len(data) , len(train_dataset),
        #         100. * batch_idx * len(data) / len(train_dataset), loss.item()))

            # print(100 * batch_idx/len(train_dataset))

    test_loss = 0                                    # 模型训练完成后,在测试集上进行测试
    correct = 0
    i = 0
    for data, target in test_data:
        data = data.view(-1, 6)
        logits = net(data)
        test_loss += criteon(logits, target).item()

        pred = logits.argmax(dim = 1)                # 模型的预测,argmax 是对所有输出结果的概率求
                                                     # 最大值
        correct += pred.eq(target).float().sum().item()
        pre_data[i, 0] = float(pred[0])
        i += 1
    test_loss /= len(test_dataset)
    # print(pre_data[:, 0])
    print('\nTest set: Average loss: {:.4f}, Accuracy: {}/{} ({:.0f} %)\n'.format(
        test_loss, correct, len(test_dataset),
        100. * correct / len(test_dataset)))         # 在测试集上,输出模型的平均损失函数值和
                                                     # 准确率

    # print(pre_data[::30, 0])
# print(test_basic[:,0])
```

```
# # ---- 在测试集上计算准确度 ----
total_num = len(test_dataset)
acc = correct / total_num
print('test acc:', acc)
# print(pre_data[:, 0])
# print(test_basic[:, 0])


# ---- 数据可视化 ----
ax = plt.subplot(111, projection = '3d')
ax.scatter(train_basic[:, 1], train_basic[:, 2], train_basic[:, 0], c = 'g')
ax.scatter(test_basic[:, 1], test_basic[:, 2], pre_data[:, 0], c = 'b')
ax.set_zlabel('Z')   # 坐标轴
ax.set_ylabel('Y')
ax.set_xlabel('X')
plt.show()
torch.save(net, 'net_out.pkl')
```

9.9　实验案例结果

最后得到的测试准确率如图 9.4 所示(未经过调参的,只做展示),展示程序如图 9.5所示。

Test set: Average loss: 0.3442, Accuracy: 113.0/1424 (8%)

test acc: 0.07935393258426966

(a) 测试准确率

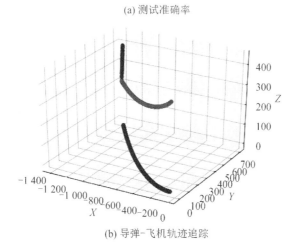

(b) 导弹-飞机轨迹追踪

图 9.4　例 9.8 - 1 运行结果

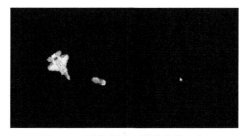

图 9.5　展示程序:导弹追踪飞机

第 10 章

平流层飞艇区域驻留实验

本章使用作者自建风场获取的数据,由 DQN 网络对飞艇进行控制以实现最长驻留时间。根据利用训练好的模型运行 DQN_test 输出的驻留时间,以及训练加测试耗费的总时长进行考核。本章基本知识结构如图 10.1 所示。

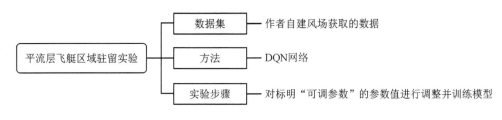

图 10.1　本章基本知识结构

10.1　实验目的

本实验提供了在 Pytorch 环境下编写的神经网络的完整代码,以及训练神经网络所需数据集(核心代码见 10.8 节中相关代码,其他代码随书赠送)。请根据本章介绍的实验说明引导,运行代码并进行参数调整,以优化网络性能。

10.2　数据集介绍

本实验使用的是作者自建风场获取的数据。使用 windmap_selfmade.py 程序模拟平流层风场特征,建立了训练集。平流层风场特征主要表现为:东西风方向上风场随时间变化比较缓慢,而在南北风方向上风场随时间变化较为迅速,在小区域内水平方向上的风速变化不明显。训练风场和实际风场的形状对比如图 10.2 所示。

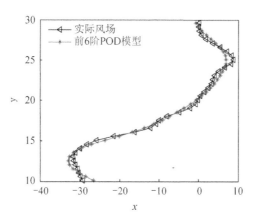

图 10.2　训练使用的风场形状与实际风场形状的对比

10.3　实验步骤

先尝试在计算机上运行程序 DQN_main.py(见 10.8 节中相关代码)。运行程序会训练文件 DQN_net 中定义的 DQN 神经网络并保存训练参数,会输出停留时间,但时间很短。

打开 DQN_net.py 并调整程序中标明"可调参数"的参数值,对分类器的性能进行优化。根据对在训练好的模型上运行 DQN_test 输出的驻留时间以及训练加测试耗费的总时长两个参数的综合考量进行最终评分。

上面训练得到的网络会存储为 last_eval_net.pkl,然后运行 DQL_test.py 文件,在这里可以直接看到在训练好的网络控制下飞艇区域驻留的运动轨迹,飞艇轨迹在屏幕区域迂回的时间越长则训练效果越好。

10.4　实验注意事项

① 注意网络的训练时间,由于单次训练所需的时间较长,一开始不要设置 200 以上的迭代次数。

② 控制程序的测试时间,尽量在 0.5 min 以内。

③ 不要改动 DQN_net.py(程序里指出了可修改的地方)和 DQN_main.py 程序标注部分(迭代步数的更改在这里,这是该程序唯一需要改变的参数)以外的文件(建议只改动几个可调参数,如果有能力也可以改动网络结构),以免测试时出现问题。

④ 请于限定的时间内(20 min)完成任务,并及时上交程序。

10.5　可调参数说明

① 隐含层单元数:该参数是神经网络中隐含层的神经元个数。理论上,在一定范围内,神经元个数越多,分类器面对复杂数据集的拟合效果就越好;但神经元个数越多,计算量就越大,训练所花费的时间就越长。若模型太复杂但数据集不足,则容易出现过拟合的情况。

② 迭代步数:即梯度下降更新参数的迭代次数。迭代步数太小会导致训练不充分,太大则会导致无谓浪费训练时间,甚至产生过拟合。由代价函数随迭代步数的变化曲线以及代价函数数值(cost)的收敛情况可知,当代价函数基本不变时,模型基本达到收敛,此时应停止训练。

③ 学习率:相当于每次迭代前进的步长。学习率太高会导致模型无法收敛甚至发散;学习率太小则会产生训练效率太低、收敛缓慢的问题。通过观察代价函数的数值变化及代价函数随迭代步数的变化曲线来调整学习率。如果模型的代价函数收敛缓慢,则学习率过小;如果模型的代价函数增大甚至达到无穷大(NaN),则学习率过大。

④ Batch_size:表示单次传递给程序用于训练的数据个数。如将 Batch_size 设置为 128,就会在训练时首先使用前 128 个数据进行训练,再使用后面第 129~256 的数据,以此类推。此参数设置过小会导致训练中的梯度值波动较大;此参数设置过大会使算法训练速度变慢且占用大量内存。

⑤ memory:为了鼓励智能体在每个区域内停留更长时间,我们在强化学习模型中引入了一种机制,即在智能体完成一次从起点出发并最终离开地图的驻留过程后,根据它在区域内的停留时间给予额外的奖励。这个额外的奖励会被添加到记忆池中的相应记忆上。通过调整奖励的大小,使长期驻留的奖励在数值上超过智能体在选择路径时获得的即时奖励,引导智能体逐渐学会在区域内保持更长时间的停留。

⑥ Epsilon:e-greedy 贪婪策略,是一种在强化学习中平衡利用和探索的不确定性策略。智能体通常选择当前估计的动作值函数最大的动作,同时保留一定概率 e 来进行随机探索,以寻找可能的全局最优解。令 epsilon=0.1,即选择的当前最大回报的概率是 0.9,寻找最优解进行探索的概率是 0.1。

10.6　实验规则

把神经网络的 Python 源代码(见 10.8 节中相关代码)提供给读者,要求读者通过尝试调参,优化网络性能。

10.7　知识点

在此项目中可以学习到:
① 如何对神经网络的基本参数进行调整;
② 加入了时间回馈和测试时的动作选择方法的 DQN 网络的构建。

10.8　实验代码

平流层飞艇区域驻留实验代码如例 10.8-1 所示。

例 10.8-1　平流层飞艇区域驻留实验示例

```
import torch
import torch.nn as nn
```

```python
import torch.nn.functional as F
import numpy as np
import windmap_selfmade
# 超参数

''' 可以自行更改这些网络参数,理论上都可以尝试,但优先选择 lr,batch,epsilon,memory 这些参数
更改 '''
BATCH_SIZE = 32
LR = 0.1                          # 学习率
EPSILON = 0.8                     # 贪婪策略
GAMMA = 0.9                       # 奖励折扣
TARGET_REPLACE_ITER = 10          # 目标更新频率
MEMORY_CAPACITY = 2000


# 配置环境

env = windmap_selfmade.Wind_map()
N_ACTIONS = env.action_space.n         # 得到网络的输入
N_STATES = env.observation_space.n     # 得到网络的输出
ENV_A_SHAPE = 0 if isinstance(env.action_space.sample(), int) else env.action_space.sample().
shape                                  # 确定向量的形状

# 定义网络
class Net(nn.Module):
    def __init__(self, ):
        super(Net, self).__init__()
        ''' 这里可以更改隐含层的单元数,50'''
        self.fc1 = nn.Linear(N_STATES, 50)
        self.fc1.weight.data.normal_(0, 0.1)    # 初始化
        self.out = nn.Linear(50, N_ACTIONS)
        self.out.weight.data.normal_(0, 0.1)    # 初始化

    def forward(self, x):
        x = self.fc1(x)
        x = F.relu(x)

        actions_value = self.out(x)
        return actions_value
# 定义 DQN 网络
class DQN(object):
    def __init__(self):
        self.eval_net, self.target_net = Net(), Net()    # 两个结构一致的网络,不同步数更新

        self.learn_step_counter = 0
# 用于目标网络更新
        self.memory_counter = 0
# 用于存储记忆
        self.memory = np.zeros((MEMORY_CAPACITY, N_STATES * 2 + 2))
# 初始化记忆数组
        self.optimizer = torch.optim.Adam(self.eval_net.parameters(), lr = LR)
        self.loss_func = nn.MSELoss()
```

```
#动作选择,采用 e-greedy 策略,80% 概率用网络返回最大值,其余随机选择动作
def choose_action(self, x):
    x = torch.unsqueeze(torch.FloatTensor(x), 0)
    # 只输入样本
    if np.random.uniform() < EPSILON:    # 贪婪策略
        actions_value = self.eval_net.forward(x)
        action = torch.max(actions_value, 1)[1].data.numpy()
        action = action[0] if ENV_A_SHAPE == 0 else action.reshape(ENV_A_SHAPE)
                                                    # 返回最大值的索引
    else:    # 随机选择
        action = np.random.randint(0, N_ACTIONS)
        #action = action if ENV_A_SHAPE == 0 else action.reshape(ENV_A_SHAPE)
    return action


# 将每一步储存进记忆池中
def store_transition(self, s, a, r, s_):
    transition = np.hstack((s, [a, r], s_))
    # 将旧的数组替换成新的
    index = self.memory_counter % MEMORY_CAPACITY
    self.memory[index, :] = transition
    self.memory_counter += 1
#DQN 学习步骤
def learn(self):
    # 目标参数更新
    if self.learn_step_counter % TARGET_REPLACE_ITER == 0:
        self.target_net.load_state_dict(self.eval_net.state_dict())
    self.learn_step_counter += 1

    # 采样批量转换
    sample_index = np.random.choice(MEMORY_CAPACITY, BATCH_SIZE)
    b_memory = self.memory[sample_index, :]
    b_s = torch.FloatTensor(b_memory[:, :N_STATES])
    b_a = torch.LongTensor(b_memory[:, N_STATES:N_STATES + 1].astype(int))
    b_r = torch.FloatTensor(b_memory[:, N_STATES + 1:N_STATES + 2])
    b_s_ = torch.FloatTensor(b_memory[:, -N_STATES:])

    # 根据经验中的动作计算 q_eval
    q_eval = self.eval_net(b_s).gather(1, b_a)    # shape (batch, 1)
    q_next = self.target_net(b_s_).detach()
# 从图中分离,不进行反向传播
    q_target = b_r + GAMMA * q_next.max(1)[0].view(BATCH_SIZE, 1)    # shape (batch, 1)
    loss = self.loss_func(q_eval, q_target)

    self.optimizer.zero_grad()
    loss.backward()
    self.optimizer.step()
#长时回馈奖励
def time_reward_plus(self, step):
    index = self.memory_counter % MEMORY_CAPACITY - 1
    for i in range(int(step)):
```

```
            self.memory[index - i][N_STATES + 1] = self.memory[index - i][N_STATES + 1] + step/20
  ♯测试所用的选择动作的函数
  def test_action(self, x):
      x = torch.unsqueeze(torch.FloatTensor(x), 0)
      ♯ 只输入样本
      actions_value = self.target_net.forward(x)
      action = torch.max(actions_value, 1)[1].data.numpy()
      action = action[0] if ENV_A_SHAPE == 0 else action.reshape(ENV_A_SHAPE)
                                                           ♯ 返回最大值的索引

      return action
```

10.9　实验案例结果

　　运行 DQN_test 得到的在理想网络控制下的飞艇运动轨迹和在测试下的驻留时间如图 10.3 所示。

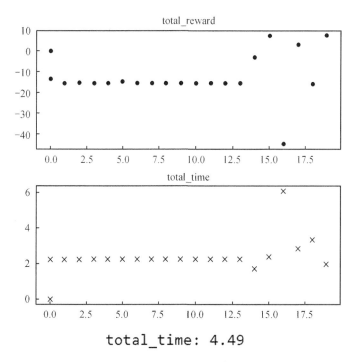

图 10.3　在理想网络控制下的飞艇运动轨迹和在测试下的驻留时间

第 11 章

空中加油自动对接神经网络实验

本章使用 yolov5 模型,对飞行过程中的各种数据进行整合,生成用于决策神经网络 LSTM 的训练数据;调整 11.5 节包含的参数值,对分类器的性能进行优化。本章基本知识结构如图 11.1 所示。

图 11.1　本章基本知识结构

11.1　实验目的

本实验提供了在 Tensorflow 环境下编写的循环神经网络分类器的完整代码,以及训练需要的数据集(核心代码见 11.8 节中相关代码,其他代码随书赠送)。请根据本章介绍的实验说明引导,运行代码并进行参数调整,以优化分类器性能。

11.2　数据集介绍

本实验在 DCS 框架下进行,利用数据采集程序记录人工操作收油机和加油机时的关键参数,包括速度差、距离、高度差、俯仰角、偏航角,以及键盘操作指令集。同时,还会收集飞行画面的图像和录像资料等。如图 11.2 所示,yolov5 模型对以上数据进行整合,生成用于决策神经网络 LSTM 的训练数据。训练数据集和测试集分别储存在 trainset1 和 testset1 文件夹中。训练样本数为 4 148,测试样本数为 3 879。图像经转变后变为数据,如图 11.3 所示。

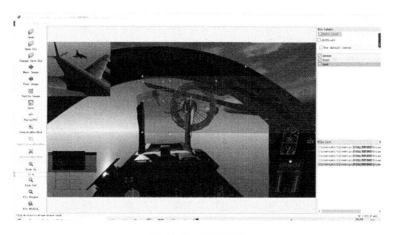

图 11.2　原始图像

```
1639748768.710452,-40.449091304210015,45.83518735644112,1.1099999999999,0.04
1639748768.7114496,20.587407265882263,46.04052562687114,1.1599999999998545,0.04
1639748768.7114496,21.47000128547225,46.25494676247063,1.2100000000000364,0.04

1639748414.6570165,Key.down,0.2842395305633545
1639748416.3227506,Key.up,0.5967183113098145
1639748417.2184422,Key.up,0.2880089282989502

1639748768.6695623,1289.,211.
1639748768.7952278,1289.,211.
1639748768.9303763,1289.,211.
```

图 11.3　图像经转变后变为数据

11.3　实验步骤

先尝试在计算机上运行程序 test/process4.py(见 11.8 节中相关代码)。运行成功后,会得到测试准确率(accuracy),但数值会很低。

请参考 11.5 节中的介绍进行代码调整,对分类器的性能进行优化。在训练好的模型上,用额外的测试样本测试分类性能,然后根据对在额外测试样本上得到的分类准确率以及训练加测试耗费的总时长两个参数的综合考量进行最终评分。

训练好的网络会自动存储为 model.h5 文件,之后运行 DCSWorld/多线程执行.py 文件,加载已训练好的 yolov5 模型、best.pt 文件和 LSTM 模型 model.h5,进行飞行测试。此时在 DCSWorld 软件里可以看到自动加油过程的展示。

11.4　实验注意事项

① 相比训练准确率,应更加关注测试准确率,因为分类器模型在不参与训练的数据集上的表现才能衡量其性能,我们最终使用的测试样本也不在原始数据集的范围内。在调参过程中,请尽量最大化测试准确率并避免过拟合情况(训练准确率比测试准确率大很多)出现。

② 控制程序的测试时间,尽量在 0.5 min 以内。

③ 不要改动 test/process4.py 程序以外的任何文件(建议只改动几个可调参数,如果有能力也可以改动网络结构),以免测试时出现问题。

④ 请于限定的时间内(20 min)完成任务,并及时上交程序。

11.5 可调参数说明

① 隐含层单元数:该参数是神经网络中隐含层的神经元个数。理论上,在一定范围内,神经元个数越多,分类器面对复杂数据集的拟合效果就越好;但神经元个数越多,计算量就越大,训练所花费的时间就越长。若模型太复杂但数据集不足,则容易出现过拟合的情况。

② 迭代步数:即梯度下降更新参数的迭代次数。迭代步数太小会导致训练不充分,太大则会导致无谓浪费训练时间,甚至产生过拟合。由代价函数随迭代步数的变化曲线以及代价函数数值(cost)的收敛情况可知,当代价函数基本不变时,模型基本达到收敛,此时应停止训练。

③ 学习率:相当于每次迭代前进的步长。学习率太高会导致模型无法收敛甚至发散;学习率太小则会产生训练效率太低、收敛缓慢的问题。通过观察代价函数数值变化及代价函数随迭代步数的变化曲线来调整学习率。如果模型的代价函数收敛缓慢,则学习率过小;如果模型的代价函数增大甚至达到无穷大(NaN),则学习率过大。

④ Batch_size:表示单次传递给程序用于训练的数据个数。如将 Batch_size 设置为 128,就会在训练时首先使用前 128 个数据进行训练,再使用后面第 129~256 的数据,以此类推。此参数设置过小会导致训练中的梯度值波动较大;此参数设置过大会使算法训练速度变慢且占用大量内存。

11.6 实验规则

本实验提供给读者的训练样本数为 4 148,测试样本数为 3 879,将神经网络的 Python 源代码提供给读者,要求读者通过尝试调参,优化分类器性能。

11.7 知识点

在此项目中可以学习到:
① 如何对神经网络的基本参数进行调参;
② 如何将训练好的神经网络与其他程序相接。

11.8 实验代码

实验代码是在 Tensorflow 环境下编写的,网络文件为 test/process4.py 文件,展示文件为多线程执行.py,代码如例 11.8-1 所示。

例 11.8 - 1　空中加油自动对接神经网络实验示例

```
from matplotlib import pyplot
import numpy as np
from tensorflow. keras. layers  import  LSTM, Input, Dense, Conv2D, MaxPooling2D, PReLU,
Flatten, Softmax
from tensorflow.keras.models import Sequential,load_model
import time
from keras import optimizers

# 训练数据读取
fname1 = './trainset1/params.txt'
fname2 = './trainset1/key.txt'
fname3 = './trainset1/coord.txt'
fname4 = './testset1/params.txt'
fname5 = './testset1/key.txt'
fname6 = './testset1/coord.txt'

keydict = {'Key.up':1 , 'Key.down':2 , 'Key.left':3 , 'Key.right':4 ,'a':5 , 's':6}
order = [2,1,3,4,6,5,0]

timestep = 100
origin = [1289., 211.]

def readparam(fname):
    f = open(fname,'r')
    lines = f.readlines()
    f.close()
    res = []
    for r in lines:
        r = r.split(',')
        for i in range(len(r)):
            if r[i] == 'nan':
                r[i] = 0
            else:
                r[i] = float(r[i])
        res.append(r)
    return res
def readkey(fname):
    f = open(fname,'r')
    lines = f.readlines()
    f.close()
    res = []
    for r in lines:
        r = r.split(',')
        if r[1] in keydict:
            r[1] = keydict[r[1]]
            r = [float(i) for i in r]
            res.append(r)
```

```python
        return res
def readcoord(fname):
    f = open(fname,'r')
    lines = f.readlines()
    f.close()
    res = []
    for r in lines:
        r = r.split(',')
        r = [float(i) for i in r]
        if r[1] == -1:
            r[1] = origin[0]
            r[2] = origin[1]
        res.append(r)
    return res
def filterkey(keylist):
    smin = 10
    for i in keylist:
        s = order.index(i)
        if s < smin:
            smin = s
    return order[smin]
def flterp(p,interval = 20):
    pnew = []
    for i in range(0,len(p),interval):
        pnew.append(p[i])
    return pnew
def match(p,k,c):
    ky = []
    n = 0
    for i1 in range(len(p)):
        ct = p[i1][0]
        matchkeylist = []
        matchimagelist = []
        i2 = 0
        while k[i2][0] < ct and i2 < len(k) - 1:
            if k[i2][0] + k[i2][2] > ct:
                n += 1
                matchkeylist.append(k[i2][1])
            i2 += 1
        for i3 in range(len(c)):
            if abs(ct - c[i3][0]) < 0.1:
                matchimagelist.append(c[i3][1:])
        if len(matchimagelist) > 0:
            p[i1] = p[i1] + matchimagelist[0]
        else:
            p[i1] = p[i1] + origin
        if len(matchkeylist) == 0:
            matchkey = 0
```

```
        elif len(matchkeylist) == 1:
            matchkey = matchkeylist[0]
        else:
            matchkey = filterkey(matchkeylist)
        ky.append(matchkey)
    p = np.array(p)[:,1:]
    return p,ky


def key_onehot(k):
    kres = []
    for i in k:
        r = [0] * 7
        r[int(i)] = 1
        kres.append(r)
    return np.array(kres)


mean = np.array([-5.36846881e+02,1.55484990e+02,1.23532730e+01,8.00251383e-02,
1.28646179e+03,2.10817119e+02])
std = np.array([3.37283742e+04,5.85744686e+01,4.43492043e+00,4.99703217e-02,
1.64943596e+01,6.53979396e+00])


def nomalization(p,mean = mean,std = std):
    size = len(mean)
    res = []
    for i in range(len(p)):
        row = [(p[i][n] - mean[n])/std[n] for n in range(size)]
        res.append(row)
    return np.array(res)


def construct_sequence(p,timestep = 100):
    ps = []
    length = len(p)
    for i in range(length - timestep + 1):
        section = p[i:i + timestep]
        ps.append(section)
    ps = np.array(ps)
    return np.array(ps)


def lstmmodel(train_X,train_y,test_X,test_y):
    #建立网络模型
    print(len(test_X))
    model = Sequential()
    ''' 这里可以更改隐含层神经元数 '''
    model.add(LSTM(20,input_shape = (train_X.shape[1], train_X.shape[2])))
    model.add(Dense(7, activation = 'softmax'))
    ''' 更改学习率 '''
    adam = optimizers.Adam(lr = 0.01)
    model.compile(loss = 'categorical_crossentropy', optimizer = adam,metrics = ['accuracy'])
```

```
    # 训练网络
    ''' 更改迭代步数和 batch_size'''
    s = time.time()
    history = model.fit(train_X, train_y, epochs = 10, batch_size = 200, validation_data =
                        (test_X, test_y), verbose = 1,workers = 8)
    e = time.time()
    print('time:',e - s)
    #保存训练好的网络
    model.save('model.h5')
    #训练历史可视化
    print(model.summary()) #输出网络结构
    pyplot.plot(history.history['loss'], label = 'train')
    pyplot.plot(history.history['val_loss'], label = 'test')
    pyplot.legend()
    pyplot.show()
    return model,history

#训练测试数据录入
p = readparam(fname1)
p = flterp(p,3)
k = readkey(fname2)
c = readcoord(fname3)
p,ky = match(p,k,c)
p = nomalization(p)
ps = construct_sequence(p)
ks = key_onehot(ky)[timestep - 1:]

p2 = readparam(fname4)
p2 = flterp(p2,3)
k2 = readkey(fname5)
c2 = readcoord(fname6)
p2,ky2 = match(p2,k2,c2)
p2 = nomalization(p2)
ps2 = construct_sequence(p2)
ks2 = key_onehot(ky2)[timestep - 1:]
print('''-----
        finish loading data
        -----''')

#训练网络(train_X,train_y,test_X,test_y)
lstmmodel,history = lstmmodel(ps,ks,ps2,ks2)
```

11.9　实验案例结果

最后得到的测试准确率(未经过调参的,只做展示)如图 11.4 所示,程序输出的神经网络模型如图 11.5 所示。

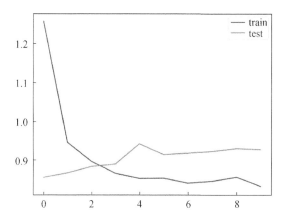

loss: 0.8315 - accuracy: 0.7486 - val_loss: 0.9266 - val_accuracy: 0.7626

time: 12.481475114822388

图 11.4 训练历史可视化

Model: "sequential"

Layer (type)	Output Shape	Param #
lstm (LSTM)	(None, 20)	2160
dense (Dense)	(None, 7)	147

Total params: 2,307
Trainable params: 2,307
Non-trainable params: 0

图 11.5 程序输出的神经网络模型

第12章

异常检测实验

本章的数据集是一系列二维平面上的坐标点,使用 SVM 方法识别出异常点并在图像中标记出来。本章基本知识结构如图 12.1。

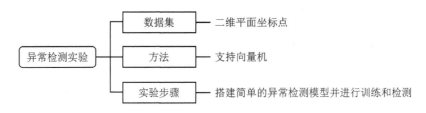

图 12.1　本章基本知识结构

12.1　实验目的

首先回答两个问题:

问题 1:简要描述航空发动机和火箭发动机的区别,并对火箭发动机进行分类描述。

问题 2:简要描述异常检测算法原理。

通过这两个问题增强对异常检测概念的理解,并进行异常检测实验,了解实验数据样本的获取、探索和预处理,采用 Python 编程法解决异常检测问题的流程,学习搭建简单的异常检测模型并进行训练,以及利用训练的模型对测试集数据进行异常检测并分析结果。

12.2　数据集介绍

本实验的数据来源(随书赠送):数据附件中的 ch8_detection_data1. mat 文件,其中三种数据 Xval、yval、X 分别表示训练集数据坐标、训练集数据标签、测试集数据坐标,如表 12.2 - 1 所列。

表 12.2 - 1　用于异常检测的数据集

训练集数据坐标		训练集数据标签	测试集数据坐标	
Xval_1	Xval_2	yval	X_1	X_2
13.214 234	14.657 469	0	14.608 700	16.423 789
13.911 831	14.374 955	0	15.066 242	15.592 502
14.821 680	14.687 785	0	14.155 317	13.805 927
13.697 849	15.542 439	0	14.552 694	13.374 482
13.542 406	15.809 262	0	14.682 301	15.104 896
14.930 689	16.057 815	0	13.896 333	15.943 306
14.750 898	16.681 468	0	14.325 605	14.099 095
14.140 477	15.047 020	0	14.994 778	14.391 170
12.865 304	13.878 826	0	13.847 004	16.597 439
13.679 762	14.841 193	0	13.534 211	15.166 175
14.232 097	14.527 826	0	14.126 595	14.432 857
15.621 647	15.285 460	0	13.853 920	15.683 410
11.864 006	14.418 798	0	16.532 855	15.230 266
15.158 604	15.341 218	0	12.242 385	14.355 766
14.651 395	16.857 105	0	14.920 957	16.394 810

12.3　实验步骤

请参照本章算法流程图 12.2 以及关键代码（见 12.4 节中相关代码），运行液体火箭发动机异常检测程序。自行修改数据文件中某个 X 异常点的坐标，然后重新运行程序，输出最佳阈值及其对应的 F1 值，并在图像中标出异常点。（要求对代码进行注释。）

12.4　实验代码

这里采用 SVM 方法进行异常检测，代码如例 12.4 - 1 所示。

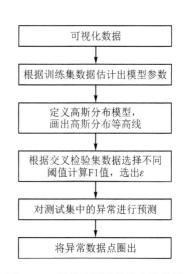

图 12.2　异常检测系统程序流程图

例 12.4-1　SVM 异常检测实验示例

```python
import numpy as np
import matplotlib.pyplot as plt
import scipy.io as sio
from sklearn import svm


def plot():
#画 SVM 的等高线
    x = np.linspace(5,25,100)
    y = np.linspace(5,25,100)
    xx,yy = np.meshgrid(x,y)
    X = np.concatenate((xx.reshape(-1,1),yy.reshape(-1,1)),axis = 1)
    z = clf.decision_function(np.c_[xx.ravel(),yy.ravel()])
    z = z.reshape(xx.shape)
    cont_levels = [10 * * h for h in range(-20,0,3)]
    C = plt.contour(xx,yy,z,cont_levels,colors = 'black',linewidths = 0.1)
    #plt.clabel(C,inline = 'True',fmt = '%0.3f',colors = 'b')
    #cb = plt.colorbar()
    #cb.set_label('probability')
    plt.title("Novelty Detection")


def error_analysis(yp,yt):
    #误差分析函数
    tp,fp,fn,tn = 0,0,0,0
    for i in range(len(yp)):
        if yp[i] == yt[i]:
            if yp[i] == 1:
                tp += 1
            else:
                tn += 1
        else:
            if yp[i] == 1:
                fp += 1
            else:
                fn += 1
    precision = tp/(tp + fp) if tp + fp else 0
    recall = tp/(tp + fn) if tp + fn else 0
    f1 = 2 * precision * recall/(precision + recall) if precision + recall else 0
    return f1


data = sio.loadmat('自己的路径')
X = data['X']
Xval = data['Xval']
Yval = data['yval']


#训练 SVM,注意传入 SVM 的是无标签的 Xval 数据,不论其 yval 是 1 还是 0
clf = svm.OneClassSVM(nu = 0.03,kernel = 'rbf',gamma = 0.01)
clf.fit(Xval)
anomaly_points = np.array([X[i]for i in range(len(X))if clf.predict(X)[i] == -1])
ypre = clf.predict(Xval)
```

```
# print(ypre)
for i in range(len(ypre)):
    if ypre[i] == 1:
        ypre[i] = 0
    else: ypre[i] = 1
# print(ypre)
plt.figure(figsize = (5,5),dpi = 200)
plt.scatter(X[:,0],X[:,-1],marker = 'x',label = 'point')
plt.scatter(anomaly_points[:,0],anomaly_points[:,1],label = 'anomaly_points',facecolors =
'none',edgecolors = 'r')
plt.legend(loc = 'best')
print('F1 = {:.2f}'.format(error_analysis(ypre,Yval)))
plot()
plt.show()


# 采用 DBSCAN
import numpy as np
import matplotlib.pyplot as plt
import scipy.io as sio
from sklearn.cluster import DBSCAN


def error_analysis(yp,yt):
    # 误差分析函数
    tp,fp,fn,tn = 0,0,0,0
    for i in range(len(yp)):
        if yp[i] == yt[i]:
            if yp[i] == 1:
                tp += 1
            else:
                tn += 1
        else:
            if yp[i] == 1:
                fp += 1
            else:
                fn += 1
    precision = tp/(tp + fp) if tp + fp else 0
    recall = tp/(tp + fn) if tp + fn else 0
    f1 = 2 * precision * recall/(precision + recall) if precision + recall else 0
    return f1


data = sio.loadmat(' 自己的路径 ')
X = data['X']
Xval = data['Xval']
Yval = data['yval']


# 训练 SVM,注意传入 SVM 的是无标签的 Xval 数据,不论其 yval 是 1 还是 0
ypre = DBSCAN(eps = 2).fit_predict(Xval)
for i in range(len(ypre)):
    if ypre[i] == -1:
        ypre[i] = 1
    else: ypre[i] = 0
```

```
    print('F1 = {:.2f}'.format(error_analysis(ypre,Yval)))

    plt.figure(figsize = (5,5),dpi = 200)
    plt.scatter(X[:,0],X[:,-1],marker = 'x',label = 'point')
    anomaly_points = np.array([X[i]for i in range(len(X))if DBSCAN(eps = 2).fit_predict(X)[i] == -1])
    plt.scatter(anomaly_points[:,0],anomaly_points[:,1],
label = 'anomaly_points',facecolors = 'none',edgecolors = 'r')
    plt.legend(loc = 'best')
    plt.title("Anomaly Detection")
    plt.show()
```

12.5　实验案例结果

异常检测实验结果如图 12.3 所示。

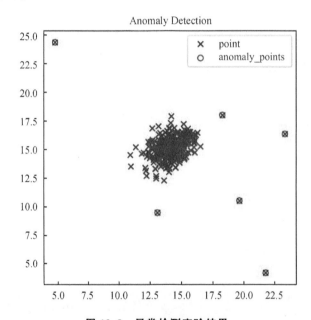

图 12.3　异常检测实验结果

第13章

基于深度强化学习的
无人机智能避障实验

本章基于 V-REP 平台无人机智能避障实验,利用强化学习方法来实现无人机自主避障。通过调试强化学习代码(随书赠送)中的回报函数、学习率、神经元数量、网络层数等关键超参数,训练出可成功完成避障的强化学习模型。本章基本知识结构如图 13.1 所示。

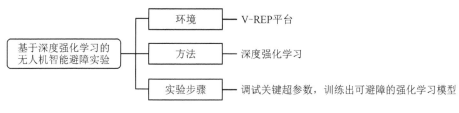

图 13.1　本章基本知识结构

13.1　实验目的

通过基于深度强化学习的无人机智能避障实验,了解 V-REP 仿真平台的使用以及利用深度强化学习方法解决无人机自主避障的流程,学习调试强化学习的关键超参数并进行训练,得到可成功完成避障的强化学习模型。

13.2　仿真平台介绍

V-REP 是一个跨平台的机器人仿真软件,提供多种机器人模型和控制接口,便于开发者快速验证算法和低成本开发,如图 13.2 所示。

13.3　实验步骤

本实验在 V-REP 仿真环境下对无人机的智能避障进行训练,通过调试强化学习代码中的回报函数、学习率、神经元数量、网络层数等关键超参数,训练出可成功完成避障的强化学习模型。

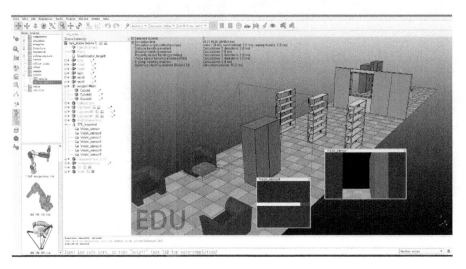

图 13.2　V－REP 平台

① 由 V－REP 仿真平台搭建场景模拟真实无人机,根据无人机的机动能力对动作空间进行适当离散化,明确可能采取的动作集合。

② 获取视觉图像和距离信息,利用卷积层逐层提取图片信息。距离信息单独处理,并与上述图片信息一起构成全连接层,输出所需要的 Q 值。

③ 设计一个回报函数,在确保无人机具有较低能耗、与目标点之间的距离缩短并维持适当巡航高度的条件下,避免其与障碍物发生碰撞,确保飞行的平稳性。

④ 通过主函数进行各模块的调用,实现网络的训练,达到无人机智能避障的效果。

13.4　实验注意事项

① 若计算机算力不够,训练步数可从 20 万步往下适当调整;

② 在每一轮 20 万步训练前 model 文件夹都要清空,否则程序会按之前的结果继续训练;

③ 参数调整至少 5 次,推荐调整学习率和回报值系数。

13.5　知识点

① 回报函数:回报函数(reward)设计在 DRL 应用中是极其重要的一环,通过将任务目标具体化和数值化,回报函数就如同一种特殊语言,实现目标与算法之间的沟通。

② 学习率:指导我们在梯度下降法中如何使用损失函数的梯度调整网络权重的超参数,计算公式如下:

$$\text{new\_weight} = \text{old\_weight} - \text{learning\_rate} \times \text{gradient} \tag{13.1}$$

③ 神经元数量:在隐藏层中使用太少的神经元会导致欠拟合(underfitting);相反,使用过多的神经元同样会导致一些问题。例如,隐藏层中的神经元过多会导致过拟合(overfitting),这是因为当神经网络具有过多的节点(过多的信息处理能力)时,训练集中包含的有限信息量不足以训练隐藏层中的所有神经元。

④ 网络层数:层数越深,理论上拟合函数的能力越强,按理说效果会更好,但是实际上更深的层数会带来过拟合的问题,同时会增加训练难度,使模型难以收敛。

13.6　实验代码(主函数部分)

基于深度强化学习的无人机智能避障实验代码如例 13.6 - 1 所示。

例 13.6 - 1　基于深度强化学习的无人机智能避障实验示例

```python
import cv2
import sys
sys.path.append("game/")
# import wrapped_flappy_bird as game
from BrainDQN_Nature import BrainDQN
import numpy as np
import model
import pandas as pd
from tqdm import trange
SAVE_PATH = "model"
MODEL = "TRAIN"
list_reward = []
list_qvalue = []
list_finish = []
q_value_train = []
# 状态信息处理
def preprocess(observation, position, distance):
# 将图片预处理至 80×80 尺寸的灰度图
    observation = cv2.cvtColor(cv2.resize(observation, (80, 79)), cv2.COLOR_BGR2GRAY)
                                                                    # 彩图转灰图
    ret, observation = cv2.threshold(observation, 1, 255, cv2.THRESH_BINARY)    # 图像二值化

    for i in range(16):
        distance[i] = distance[i] * 255
    a = distance * 5
    # 将图像和距离信息融合
    observation = np.vstack((observation, a))

    return np.reshape(observation,(80,80,1))


def play():
    # 初始化
    step = 0
    actions = 9
    brain = BrainDQN(actions)
    avoid = model.Maze()

    action0 = np.array([0,0,0,0,1,0,0,0,0])
```

```
observation0, reward0, terminal ,distance ,position ,_ = avoid.frame_step(action0,step)

observation0 = cv2.cvtColor(cv2.resize(observation0, (80, 79)), cv2.COLOR_BGR2GRAY)
ret, observation0 = cv2.threshold(observation0,1,255,cv2.THRESH_BINARY)

for i in range(16):
    distance[i] = distance[i] * 255
a = distance * 5

observation0 = np.vstack((observation0, a))
observation0 = np.reshape(observation0, (80, 80, 1))

brain.setInitState(observation0)
REWARD = []
QVALUE = []


for step in trange(1,200000):
    #选择动作
    action,q_value = brain.getAction(MODEL)
    #执行动作
    nextObservation,reward,terminal,nextOdistance,nextOposition,finish = avoid.frame_
    step(action,step)
    #处理获取信息
    nextObservation = preprocess(nextObservation,nextOposition,nextOdistance)
    #训练
    brain.setPerception(nextObservation,action,reward,terminal,MODEL,step,q_value)
    REWARD.append(reward)
    QVALUE.append(q_value)
    #print('train')
    q_value_train.append(q_value)
    if terminal:
        save = pd.DataFrame(q_value_train)
        save.to_csv('duel_dqn_train_q.csv', sep = ',')
    if step % 5000 == 0:

        brain.learnratedecay()
        reward_average = np.average(np.array(REWARD))
        q_value_average = np.average(np.array(QVALUE))
        list_reward.append(reward_average)
        list_qvalue.append(q_value_average)
        list_finish.append(finish)
        REWARD = []
        QVALUE = []

        save = pd.DataFrame(list_reward)
        save.to_csv('duel_dqn_train_average_r.csv', sep = ',')
        save = pd.DataFrame(list_qvalue)
```

```
        save.to_csv('duel_dqn_train_average_q.csv', sep = ',')
        save = pd.DataFrame(list_finish)
        save.to_csv('duel_dqn_train_finish_time.csv', sep = ',')

    if MODEL == "TEST":
        if terminal:
            save = pd.DataFrame(q_value)
            save.to_csv('naturedqn_test2_test_q.csv', sep = ',')
            break
def main():
    sys.setrecursionlimit(1000000)
    play()
if __name__ == '__main__':
    main()
```

13.7　实验案例结果

```
w = [-25, 35, -2, -1, -5]
INITIAL_EPSILON = 0.3
REPLAY_MEMORY = 5000
UPDATE_TIME = 300
LEARNINGRATE = 0.00001
decay = 0.9
num_neuron = 256
```

深度强化学习无人机智能避障实验结果如图 13.3 所示。

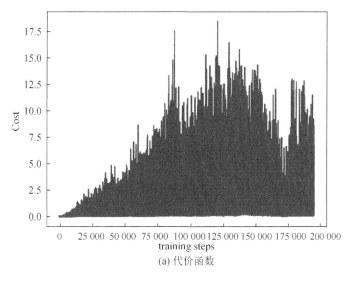

(a) 代价函数

图 13.3　深度强化学习无人机智能避障实验结果

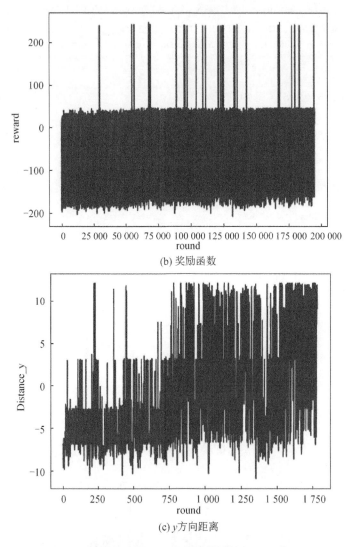

(b) 奖励函数

(c) y方向距离

图 13.3   深度强化学习无人机智能避障实验结果(续)

第14章

Python 强化学习实验

本章介绍常用于强化学习的 OpenAI gym 包,以及 4 个强化学习案例。

一般来说,要运用深度强化学习来解决一个决策问题,需要有两部分,即环境仿真器和深度强化学习算法。

环境仿真器需要模拟我们的任务,例如游戏就是现成的仿真器,机器人控制任务需要去模拟力、加速度等各种物理参数。在强化学习算法的试错过程中,一次尝试结束后,需要重置整个环境到初始状态,再开始下一轮的训练,故还需要实现重置环境的方法。

当环境仿真器搭建好后,就可以用自己的深度强化学习算法或现成已封装好的算法在环境仿真器中训练智能体,学习完成决策任务。本章基本知识结构如图 14.1 所示。

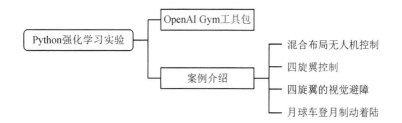

图 14.1　本章基本知识结构

14.1　OpenAI 的 Gym 测试基准

OpenAI Gym 是用于开发和比较强化学习算法的工具包,包含许多测试环境,用于比较不同强化学习算法的性能,同时也集成了常用的强化学习算法。Gym 中包含 Atari 游戏、MuJoco 仿真器等测试环境,我们可以从中看到应用深度强化学习方法的程序在这些游戏、机器人模拟器中都得到了较好的应用效果,程序甚至能够学会转方块、行走等复杂任务,如图 14.2～图 14.5 所示。

图 14.2　Humanoid - v2 环境

图 14.3　CartPole - v1 环境

图 14.4　HandManipulateBlock - v0 环境

图 14.5　Breakout - v0 环境

14.2　案例 1:混合布局 UAV 的控制

如图 14.6 所示,参考文献[12]中运用了深度强化学习,学会了控制不同混合布局的飞行器,并在真实环境中进行了测试。

图 14.6　控制器设计过程示意图

1. 仿真器的设计

无人机的状态可由 12 个变量来描述:分别为位置(x,y,z),角度(ϕ,θ,ψ),线速度(u,v,w),角速度(ω,β,γ),即

$$q=(x,y,z,\phi,\theta,\psi,u,v,w,\omega,\beta,\gamma)^{\mathrm{T}}\in\mathbb{R}^{12} \tag{14.1}$$

无人机的动力学模型可用以下方程来描述:

$$J\dot{\omega}+\omega\times J\omega=\sum_{i=1}^{N}(\lambda_i T_i d_i+r_i\times T_i d_i)+\sum_{j=1}^{M}[s_j\times(f_j^{\mathrm{L}}+f_j^{\mathrm{D}})] \tag{14.2}$$

$$m\ddot{x}=f^{\mathrm{G}}+f^{\mathrm{T}}+f^{\mathrm{L}}+f^{\mathrm{D}} \tag{14.3}$$

$$f^{\mathrm{L}}=\rho|u|^2\cos\alpha\cdot\sin\alpha\cdot S \tag{14.4}$$

$$f^{\mathrm{D}}=\rho|u|^2\sin^2\alpha\cdot S \tag{14.5}$$

式中:J 为惯性张量;λ 为螺旋桨扭矩推力比;T 为螺旋桨推力;d 为螺旋桨方向;r 表示螺旋桨

在机身框架中的位置;N 为螺旋桨数量;M 为机翼数量;s 为机翼在机身框架中的质心; m 为质量;$\ddot{x}$ 为加速度;f^{G} 为重力;f^{T} 为推力;f^{L} 为升力;f^{D} 表示阻力;ρ 为空气密度;α 为攻角;S 为每个机翼的表面积。

同时,由于仿真环境过于理想化,与实际环境有较大差距,这里通过给物理量添加噪声的方法来提高控制器的鲁棒性。

参考文献[12]中设计了一套 CAD 软件,能快速搭建各种布局的 UAV 并进行系统辨识,获取 UAV 的各种物理参数,供仿真器仿真,如图 14.7 所示。

图 14.7　不同混合布局的 UAV

2. 控制器的网络结构

参考文献[12]中设计了如图 14.8 所示的控制器的网络结构,控制器的输入是无人机的欧拉角、角速度、速度、偏航误差和累积误差,输出是各个电机的转速。

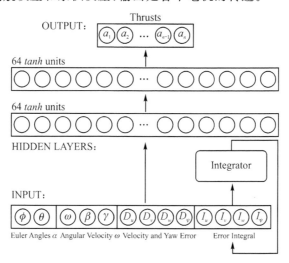

图 14.8　控制器的网络结构

3. Reward 的设计

参考文献[12]中设计了如下奖励函数:

$$R(s,a)=d-w_v c_v(s)-w_a c_a(a)-w_\omega c_\omega(s)-w_I c_I(s)-w_\psi c_\psi(s) \qquad (14.6)$$

说明:

① d 是一个常数项奖励。

② $c_v(s)$ 是速度损失,是无人机实际速度与目标速度的距离函数,无人机偏离目标速度的程度越大,惩罚越大。

③ $c_a(a)$ 是动作损失,对无人机的动作进行惩罚,有利于无人机学会采取较少的动作去实现控制,让控制更平滑。

④ $c_w(s)$ 是稳定损失,有利于无人机学会如何自稳。

⑤ $c_I(s)$ 是历史累积损失。

⑥ $c_\psi(s)$ 是方位角损失,对无人机的姿态偏移进行惩罚。

⑦ w_v、w_a、w_ω、w_I、w_ψ 为相应项的权重。

⑧ s 是无人机速度。

⑨ a 是无人机动作。

4. 深度强化学习训练

在此采用 Model-free 的 Policy-based 深度强化学习算法:运用强化学习算法(Proximal Policy Optimizations,PPO)进行训练,学习过程采用具有 112 个 CPU 核和 500 GB 内存的工作站进行并行训练。

5. 试飞验证

图 14.9 所示为一架 X 布局的无人机模型,将实际的物理参数输入到仿真器中进行仿真训练,训练完成后的控制器能够顺利地控制无人机的悬停、滑翔、降落。

图 14.9 试飞验证(1)

14.3 案例 2:四旋翼的控制

参考文献[13]中运用深度强化学习来控制四旋翼的姿态:首先搭建与真实无人机相近的仿真模型,然后在仿真器中运用强化学习算法进行训练,接着编译训练好的控制器并让其在四旋翼的 ARM Cortex-M 系列处理器上运行,最后在实验中成功代替 PID 方法来控制四旋翼的姿态。图 14.10 所示为算法训练框架,图 14.11 所示为试飞验证。

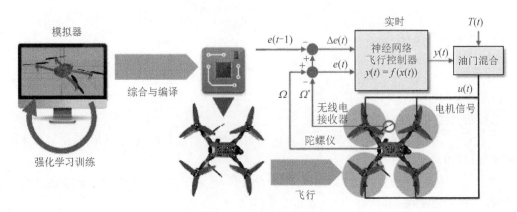

图 14.10 算法训练框架

图 14.11　试飞验证(2)

14.4　案例 3：四旋翼的视觉避障

参考文献[14]中在 AirSim 仿真平台上搭建了自己的训练环境。AirSim 是微软推出的基于 Unreal 引擎的无人车、无人机高仿真度环境,在无人驾驶的研究中得到了广泛应用。同时,该文献中采用 DQN 和 PPO 算法使无人机学会只依靠前置摄像头的输入来躲避障碍物。图 14.12 所示为 AirSim 搭建的仿真环境,图 14.13 所示为算法训练框架,图 14.14 所示为无人机在仿真环境中视觉避障的过程。

图 14.12　AirSim 搭建的仿真环境

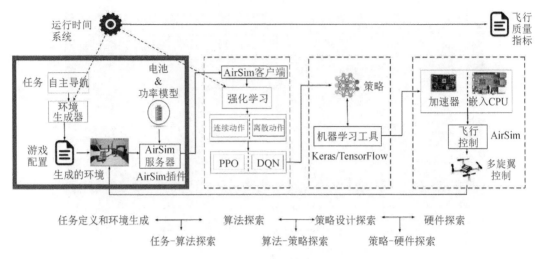

图 14.13 算法训练框架

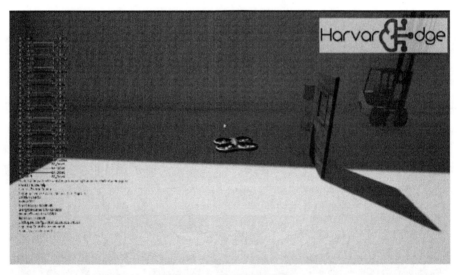

图 14.14 仿真飞行避障

14.5 案例 4:月球车登月制动着陆

OpenAI Gym 中的 LunarLander - v2 环境可模拟登月小艇降落在月球表面时的情形。如图 14.15 所示,该任务的目标是让登月小艇安全地降落在两个旗帜间的平地上。

1. 案例说明

① LunarLander - v2 环境共包括 8 个观测值,分别是:水平坐标 x、垂直坐标 y、水平速度、垂直速度、角度、角速度、腿 1 触地和腿 2 触地。

② 动作空间为离散空间,共包括 4 种离散行动,分别为:0 代表熄火;1 代表启动左引擎;2 代表启动主引擎;3 代表启动右引擎。

③ 环境给予的奖励计算规则为:若小艇成功着陆至两旗帜之间,则得 100~140 分;若小

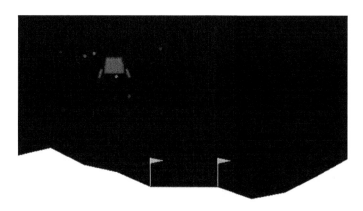

图 14.15　任务目标示意图

艇坠毁或停止,则回合结束,获得额外的－100 分;若小艇每脚触地,则得 10 分;若喷射主引擎,则每次得－0.3 分;若小艇最终完全静止,则得 100 分。

2. 案例主要组成部分

① 环境:LunarLander－v2 环境是一个 OpenAI Gym 环境,智能体需要控制一个着陆器在月球表面安全着陆。

② DQN 智能体:定义了一个 DQN 智能体,包括:神经网络,用于估计 Q 值;优化器,用于更新神经网络;损失函数,用于计算预测 Q 值和目标 Q 值之间的差距。

③ 经验回放:采用经验回放机制,智能体在每一步将其经验(状态、动作、奖励、下一个状态以及是否结束等)存储到经验回放缓冲区中,然后在训练时从缓冲区随机抽样。

④ 训练和测试:在训练阶段,智能体通过与环境交互并学习来优化策略;在测试阶段,智能体使用其学习到的策略来与环境交互,但不再进行学习。

3. 实验步骤

① 在计算机上运行程序 LunarLander-v2-DQN.py。运行成功后,将开始训练智能体。

② 在训练过程中,连续 10 个回合的平均奖励值大于 250 时认为训练成功。

③ 训练成功后跳出循环,进入测试环节。测试环节会利用训练好的智能体进行 100 次制动着陆。

④ 调整参数,对智能体的性能进行优化。

14.6　实验代码

对应于"月球车登月制动着陆"案例的实验代码如下:

```
import random
import gym
import numpy as np
import matplotlib.pyplot as plt
from itertools import count
import torch
import torch.nn as nn
import torch.optim as optim
```

```python
import torch.nn.functional as F
# 修改折扣因子和学习率,观察训练结果的变化,建议 0.99,0.000 5 为对比值
BUFFER_SIZE = 10000000          # 定义经验池大小
BATCH_SIZE = 64
GAMMA = 0.98                    # 折扣因子,建议设置在 0.95～0.99 之间,越高代表越关心未来

LR = 0.001
# 学习率,一般设置在 0.000 1～0.02 之间,设置太大收敛不稳定,设置太小收敛太慢了,建议在
# 0.000 5～0.005 之间
UPDATE_PERIOD = 4
EPS_ED = 0.01                   # 探索率
EPS_DECAY = 0.99               # 探索率衰减率
SLIDE_LEN = 20                 # 定义计算平均奖励的范围
MAX_TIME = 1000               # 单个 epsilon 的最大时间

device = torch.device('cuda' if torch.cuda.is_available() else 'cpu')
                              # 选择设备,如果有 gpu 则用 gpu,否则用 cpu
env = gym.make('LunarLander - v2')
env.seed(0)
random.seed(0)

# 定义网络结构
class Net(nn.Module):
    def __init__(self, h1 = 128, h2 = 64):
        super(Net, self).__init__()
        self.seed = torch.manual_seed(0)
        self.fc1 = nn.Linear(8, h1)
        self.fc2 = nn.Linear(h1, h2)
        self.fc3 = nn.Linear(h2, 4) # (8,128,128,64,64,4)的网路结构

    def forward(self, t):
        t = F.relu(self.fc1(t))
        t = F.relu(self.fc2(t))
        t = self.fc3(t)
        return t

class Experience:
    def __init__(self, cur_state, action, reward, nxt_state, done):
        self.cur_state = cur_state
        self.action = action
        self.reward = reward
        self.nxt_state = nxt_state
        self.done = done

# 定义经验池的类
class Buffer:
    def __init__(self):
        # random.seed(0)
        self.n = BUFFER_SIZE
        self.memory = [None for _ in range(BUFFER_SIZE)]
        self.pt = 0
```

```
        self.flag = 0   # 用来表示缓冲区是否能提供一批数据

    def push(self, experience):
        self.memory[self.pt] = experience
        self.pt = (self.pt + 1) % self.n
        self.flag = min(self.flag + 1, self.n)

    def sample(self, sample_size):
        return random.sample(self.memory[:self.flag], sample_size)

# 定义智能体的类
class Agent:
    def __init__(self):
        # random.seed(0)
        self.eps = 1.0
        self.buff = Buffer()

        self.policy_net = Net()
        self.target_net = Net()
        self.optim = optim.Adam(self.policy_net.parameters(), lr = LR)
        self.update_networks()

        self.total_rewards = []
        self.avg_rewards = []
# 更新网络
    def update_networks(self):
        self.target_net.load_state_dict(self.policy_net.state_dict())
# 更新经验池
    def update_experiences(self, cur_state, action, reward, nxt_state, done):
        experience = Experience(cur_state, action, reward, nxt_state, done)
        self.buff.push(experience)
# 从经验池取样
    def sample_experiences(self):
        samples = self.buff.sample(BATCH_SIZE)
        for _, ele in enumerate(samples):
            if _ == 0:
                cur_states = ele.cur_state.unsqueeze(0)
                actions = ele.action
                rewards = ele.reward
                nxt_states = ele.nxt_state.unsqueeze(0)
                dones = ele.done
            else:
                cur_states = torch.cat((cur_states, ele.cur_state.unsqueeze(0)), dim = 0)
                actions = torch.cat((actions, ele.action), dim = 0)
                rewards = torch.cat((rewards, ele.reward), dim = 0)
                nxt_states = torch.cat((nxt_states, ele.nxt_state.unsqueeze(0)), dim = 0)
                dones = torch.cat((dones, ele.done), dim = 0)
        return cur_states, actions, rewards, nxt_states, dones

# 利用贪婪策略选择动作
    def get_action(self, state):
```

```
            rnd = random.random()
            if rnd > self.eps:
                values = self.policy_net(state)
                act = torch.argmax(values, dim = 0).item()
            else:
                act = random.randint(0, 3)
            return act
    # 更新策略
        def optimize_policy(self):
            criterion = nn.MSELoss()
            cur_states, actions, rewards, nxt_states, dones = self.sample_experiences()
                                                    # 从存储的经验中抽取样本

            cur_states = cur_states.to(device).float() # 将数据移到 gpu 中,若无 gpu 则移到 cpu 中
            actions = actions.to(device).long()
            rewards = rewards.to(device).float()
            nxt_states = nxt_states.to(device).float()
            dones = dones.to(device)
            self.policy_net = self.policy_net.to(device)
            self.target_net = self.target_net.to(device)

            policy_values = torch.gather(self.policy_net(cur_states), dim = 1,
index = actions.unsqueeze(-1)) # 通过策略网络对当前状态的动作概率进行预测,得到每一个动作的
                                概率
            # 计算 value 值,并根据两个网络的差值,更新网络
            with torch.no_grad():
                next_values = torch.max(self.target_net(nxt_states), dim = 1)[0]
                target_values = rewards + GAMMA * next_values * (1 - dones)

            target_values = target_values.unsqueeze(1)

            self.optim.zero_grad()
            loss = criterion(policy_values, target_values)

            loss.backward()

            self.optim.step()

            self.policy_net = self.policy_net.cpu()
            self.target_net = self.target_net.cpu()
            return loss.item()
    # 定义训练的函数
        def train(self, episodes):
            for episode in range(episodes):
                total_reward = 0
                cur_state = env.reset()
                cur_state = torch.from_numpy(cur_state)
                for tim in count():
                    action = self.get_action(cur_state)

                    nxt_state, reward, done, _ = env.step(action)
                    nxt_state = torch.from_numpy(nxt_state)
```

```
                    action = torch.tensor(action).unsqueeze(-1)
                    reward = torch.tensor(reward).unsqueeze(-1)
                    done = torch.tensor(1 if done else 0).unsqueeze(-1)

                    self.buff.push(Experience(cur_state, action, reward, nxt_state, done))
                    cur_state = nxt_state

                    if self.buff.flag >= BATCH_SIZE and self.buff.pt % UPDATE_PERIOD == 0:
                        self.update_networks()
                        self.optimize_policy()

                    total_reward += reward.item()
                    if done or tim >= MAX_TIME:
                        self.update_rewards(total_reward)
                        break

                self.plot_rewards()

                if self.eps > EPS_ED:
                    self.eps *= EPS_DECAY

        torch.save(self.policy_net.state_dict(), 'policy_net.pkl')
# 更新奖励值,以计算奖励平均值
    def update_rewards(self, total_reward):
        self.total_rewards.append(total_reward)
        cur = len(self.total_rewards) - 1
        rewards = 0
        for i in range(cur, max(-1, cur - SLIDE_LEN), -1):
            rewards += self.total_rewards[i]
        avg = rewards / min(SLIDE_LEN, len(self.total_rewards))
        self.avg_rewards.append(avg)
# 使用 plot 编写可视化显示 reward 的函数
    def plot_rewards(self):
        plt.clf()
        plt.xlabel('Episodes')
        plt.ylabel('Rewards')
        plt.plot(self.total_rewards, color='r', label='Current')

        plt.plot(self.avg_rewards, color='b', label='Average')
        plt.legend()
        plt.pause(0.001)
        print("Episode", len(self.total_rewards))
        print("Current reward", self.total_rewards[-1])
        print("Average reward", self.avg_rewards[-1])
        print("Epsilon", self.eps)
        # plt.savefig('Train.jpg')
        plt.savefig('Train.png')
# 定义测试函数
    def test(self, episodes):
        self.eps = 0
        ret = 0
```

```
for episode in range(episodes):
    total_reward = 0
    cur_state = env.reset()
    cur_state = torch.from_numpy(cur_state)
    for tim in count():
        action = self.get_action(cur_state)
        # img = env.render(mode = 'rgb_array')
        img = env.render(mode = 'human')
        nxt_state, reward, done, _ = env.step(action)
        cur_state = torch.from_numpy(nxt_state)
        total_reward += reward
        if done or tim >= MAX_TIME:
            break
    print("Episode", episode + 1)
    print("Current reward", total_reward)
    ret += total_reward
print("Average reward of", episodes, "episodes:", ret / episodes)

agent = Agent()
agent.train(700)        # 训练 700 个 epsilon
agent.test(10)          # 测试 10 个 epsilon

env.close()
```

14.7　实验案例结果

图 14.16 所示为实验结果。

图 14.16　实验结果

第15章

代码异常处理方法

本章介绍了使用 try…except 和 try…finally 语句进行异常处理的方法。图 15.1 所示为本章基本知识结构。

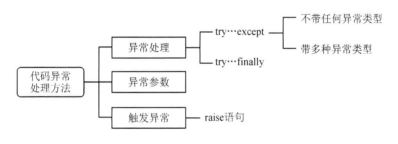

图 15.1　本章基本知识结构

15.1　异常处理

Python 中捕捉异常可以使用 try…except 语句,该语句用来检测 try 语句块中的错误,从而让 except 语句捕获异常信息并进行处理。如果不想在异常发生时结束程序,则只需在 try 中捕获它即可。以下为简单的 try…except…else 的语法:

```
try:
    <语句>          #运行别的代码
except <名字>:
    <语句>          #如果在 try 部分引发了 name 异常
except <名字>,<数据>:
    <语句>          #如果引发了 name 异常,获得附加的数据
else:
    <语句>          #如果没有异常发生
```

try 语句的工作原理是,当开始一个 try 语句后,Python 会在当前程序的上下文中作标记,这样一旦出现异常,就可以回到这里。首先执行 try 语句,接下来发生的事情依赖于执行时是否出现异常,有以下 3 种情况:

① 如果在 try 语句后的语句执行时发生异常,Python 会立即跳回到 try 语句,并开始检查与之关联的 except 语句。如果找到了匹配该异常的 except 语句,就会执行该语句中的代码来处理异常。一旦异常处理完毕,控制流将继续通过整个 try 语句之后的代码(除非在处理异常时又引发新的异常)。

② 如果在 try 语句执行时发生异常,但没有找到匹配的 except 语句,异常将被递交到更外层的 try 语句(如果存在的话),或者递交到程序的最上层,这将导致程序结束,并打印出默认的出错信息。

③ 如果在 try 语句执行时没有发生异常,Python 将检查是否存在 else 语句。如果 else 语句存在,将会执行 else 语句。执行完 else 语句后,控制流将继续通过整个 try 语句。

如例 15.1 - 1 所示,打开一个文件并写入内容,且未发生异常。

例 15.1 - 1 try 语句(未发生异常)示例

```
# !/usr/bin/python

try:
    fh = open("testfile", "w")
    fh.write("This is my test file for exception handling!!")
except IOError:
    print "Error: can\'t find file or read data"
else:
    print "Written content in the file successfully"
    fh.close()
```

输出结果如下:

```
Written content in the file successfully
```

如例 15.1 - 2 所示,打开一个文件并写入内容,但由于文件没有写入权限,发生异常。

例 15.1 - 2 try 语句(文件没有写入权限)示例

```
# !/usr/bin/python

try:
    fh = open("testfile", "w")
    fh.write("This is my test file for exception handling!!")
except IOError:
    print "Error: can\'t find file or read data"
else:
    print "Written content in the file successfully"
```

输出结果如下:

```
Error: can't find file or read data
```

15.2 使用 except 语句而不带任何异常类型

在 Python 中,可以不带任何异常类型使用 except 语句,如例 15.2 - 1 所示。

第15章

代码异常处理方法

本章介绍了使用 try…except 和 try…finally 语句进行异常处理的方法。图 15.1 所示为本章基本知识结构。

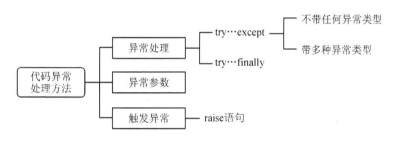

图 15.1　本章基本知识结构

15.1　异常处理

Python 中捕捉异常可以使用 try…except 语句,该语句用来检测 try 语句块中的错误,从而让 except 语句捕获异常信息并进行处理。如果不想在异常发生时结束程序,则只需在 try 中捕获它即可。以下为简单的 try…except…else 的语法:

```
try:
    <语句>        # 运行别的代码
except <名字>:
    <语句>        # 如果在 try 部分引发了 name 异常
except <名字>,<数据>:
    <语句>        # 如果引发了 name 异常,获得附加的数据
else:
    <语句>        # 如果没有异常发生
```

try 语句的工作原理是,当开始一个 try 语句后,Python 会在当前程序的上下文中作标记,这样一旦出现异常,就可以回到这里。首先执行 try 语句,接下来发生的事情依赖于执行时是否出现异常,有以下 3 种情况:

① 如果在 try 语句后的语句执行时发生异常,Python 会立即跳回到 try 语句,并开始检查与之关联的 except 语句。如果找到了匹配该异常的 except 语句,就会执行该语句中的代码来处理异常。一旦异常处理完毕,控制流将继续通过整个 try 语句之后的代码(除非在处理异常时又引发新的异常)。

② 如果在 try 语句执行时发生异常,但没有找到匹配的 except 语句,异常将被递交到更外层的 try 语句(如果存在的话),或者递交到程序的最上层,这将导致程序结束,并打印出默认的出错信息。

③ 如果在 try 语句执行时没有发生异常,Python 将检查是否存在 else 语句。如果 else 语句存在,将会执行 else 语句。执行完 else 语句后,控制流将继续通过整个 try 语句。

如例 15.1-1 所示,打开一个文件并写入内容,且未发生异常。

例 15.1-1　try 语句(未发生异常)示例

```
#!/usr/bin/python

try:
    fh = open("testfile", "w")
    fh.write("This is my test file for exception handling!!")
except IOError:
    print "Error: can\'t find file or read data"
else:
    print "Written content in the file successfully"
    fh.close()
```

输出结果如下:

```
Written content in the file successfully
```

如例 15.1-2 所示,打开一个文件并写入内容,但由于文件没有写入权限,发生异常。

例 15.1-2　try 语句(文件没有写入权限)示例

```
#!/usr/bin/python

try:
    fh = open("testfile", "w")
    fh.write("This is my test file for exception handling!!")
except IOError:
    print "Error: can\'t find file or read data"
else:
    print "Written content in the file successfully"
```

输出结果如下:

```
Error: can't find file or read data
```

15.2　使用 except 语句而不带任何异常类型

在 Python 中,可以不带任何异常类型使用 except 语句,如例 15.2-1 所示。

例 15.2 - 1　使用 except 语句而不带任何异常类型示例

```
try:
    You do your operations here;
    ......
except:
    If there is any exception, then execute this block.
    ......
else:
    If there is no exception then execute this block.
```

以上方式的 try…except 语句可以捕获所有发生的异常,但这不是一个很好的方式,不能通过该程序识别出具体的异常信息。

15.3　使用 except 语句且带多种异常类型

可以使用相同的 except 语句来处理多个异常信息,如例 15.3 - 1 所示。

例 15.3 - 1　使用 except 语句且带多种异常类型示例

```
try:
    You do your operations here;
    ......
except(Exception1[, Exception2[,...ExceptionN]]):
    If there is any exception from the given exception list,
    then execute this block.
    ......
else:
    If there is no exception then execute this block.
```

15.4　try…finally 语句

无论是否发生异常,try…finally 语句都将执行到最后的代码,语法如下:

```
try:
<语句>
finally:
<语句>        #退出 try 时总会执行
raise
```

注意:可以使用 except 语句或者 finally 语句,但是两者不能同时使用;else 语句也不能与 finally 语句同时使用。try…finally 语句如例 15.4 - 1 所示。

例 15.4 - 1　try…finally 语句示例(1)

```
#!/usr/bin/python

try:
    fh = open("testfile", "w")
    fh.write("This is my test file for exception handling!!")
finally:
    print "Error: can\'t find file or read data"
```

如果打开的文件没有写入权限,输出如下:

```
Error: can't find file or read data
```

同样的例子也可以写为例 15.4-2 所示的形式

例 15.4-2 try…finally 语句示例(2)

```
#!/usr/bin/python

try:
    fh = open("testfile", "w")
    try:
        fh.write("This is my test file for exception handling!!")
    finally:
        print "Going to close the file"
        fh.close()
except IOError:
    print "Error: can\'t find file or read data"
```

在上述例子中,当在 try 块中抛出一个异常时,立即执行 finally 块代码。finally 块中的所有语句执行后,异常将被再次抛出,并执行 except 块代码。

15.5 异常参数

异常可以带上参数,并作为输出的异常信息。可以通过 except 语句来捕获异常的参数,如下:

```
try:
    You do your operations here;
    ......
except ExceptionType, Argument:
    You can print value of Argument here...
```

变量接收的异常值通常包含在异常的语句中。在元组的表单中变量可以接收一个或者多个值。元组通常包含错误字符串、错误数字、错误位置等。例 15.5-1 所示为单个异常的实例。

例 15.5-1 单个异常示例

```
#!/usr/bin/python

# Define a function here.
def temp_convert(var):
    try:
        return int(var)
    except ValueError, Argument:
        print "The argument does not contain numbers\n", Argument

# Call above function here.
temp_convert("xyz");
```

以上程序执行结果如下:

```
The argument does not contain numbers
invalid literal for int() with base 10: 'xyz'
```

15.6　触发异常

可以使用 raise 语句自己触发异常，raise 语法格式如下：

```
raise [Exception [, args [, traceback]]]
```

在 except 语句中，Exception 是指异常类（例如 NameError），用于指定要捕获的异常类型。异常类后面的参数是一个变量，用于存储异常实例，这个参数是可选的。如果提供了这个参数，它将包含异常的详细信息，可以是一个字符串、类或对象；否则，异常实例将不会被存储，但异常仍然会被捕获。Python 内核提供的异常大多数都是实例化的类，这是一个类的实例的参数。定义一个异常非常简单，如例 15.6 - 1 所示。

例 15.6 - 1　定义异常示例

```
def functionName( level ):
    if level < 1:
        raise "Invalid level!", level
        # 如果出现异常,下面的代码不会被执行
```

注意：为了能够捕获异常，except 语句必须含有相同的异常抛出的类对象或字符串。例如捕获以上异常，except 语句如下：

```
try:
    Business Logic here...
except "Invalid level!":
    Exception handling here...
else:
    Rest of the code here...
```

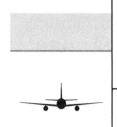

参 考 文 献

［1］卢茨. Python 学习手册［M］.北京:机械工业出版社,2011.

［2］(美)埃里克·马瑟斯. Python 编程从入门到实践［M］. 3 版. 袁国忠,译. 北京:人民邮电出版社,2023.

［3］石向荣,张帅.简明 Python 教程［M］.杭州:浙江大学出版社,2020.

［4］(美)杰克·万托布拉斯. Python 数据科学手册［M］. 陶俊杰,陈小莉,译. 北京:人民邮电出版社,2018.

［5］嵩天,礼欣,黄天羽. Python 语言程序设计基础［M］. 北京:高等教育出版社,2017.

［6］Jolliffe I T. Principal Component Analysis［M］. 2nd ed. Berlin:Springer, 2002.

［7］Ruppert D. The Elements of Statistical Learning:Data Mining, Inference, and Prediction［J］. Journal of the American Statistical Association, 2004,99:567-567.

［8］Harris C R, Millman, K J, van der Walt S J, et al. Array programming with NumPy ［J］. Nature, 2020, 585(7825):357-362.

［9］Varoquaux G, Buitinck L, Louppe G, et al. Scikit-learn:Machine Learning in Python ［J］. Journal of Machine Learning Research, 2012, 12:2825-2830.

［10］Paszke A, Gross S, Massa F, et al. Pytorch:An imperative style, high-performance deep learning library［C］//Advances in neural information processing systems, 2019,32.

［11］LeCun Y, Bottou L, Bengio Y, et al. (1998). Gradient-based learning applied to document recognition［C］//Proceedings of the IEEE,1998, 86(11):2278-2324.

［12］Xu Jie, Du Tao, Foshey Michael, et al. Learning to fly:computational controller design for hybrid UAVs with reinforcement learning［J］. ACM Transactions on Graphics, 2019, 38:1-12.

［13］Koch W, Mancuso R, Bestavros A. Neuroflight:Next generation flight control firmware［J］. arXiv preprint arXiv:1901.06553, 2019.

［14］Krishnan S, Borojerdian B, Fu W, et al. Air learning:An AI research platform for algorithm-hardware benchmarking of autonomous aerial robots［J］. arXiv preprint arXiv:1906.00421, 2019.